ちくま文庫

暗渠マニアック！

増補版

吉村生　髙山英男

筑摩書房

目次

第6章　東京近郊一都三県、暗渠勝負！

第7章　新たな観光資源としての暗渠探訪

＊印のものは、文庫のための書き下ろしです。

文庫版まえがき

日常会話ではほとんど口にすることのない単語。字面の感じも陰鬱で、そこはかとなく漂うマイナー感。そんな言葉である「暗渠」も、このところ少しは市民権を得てきたのではないだろうか。2024年現在、暗渠を定期的に扱う地上波TV番組があり、暗渠が好きだとあちこちで公言する芸能人がおり、街おこしの題材の一つとして暗渠を取り上げる自治体が現れたりと、「暗渠」が人々の耳目に触れる機会も増えているはずだ。実際、元本である『暗渠マニアック！』が刊行された2015年当時と比べれば、暗渠関連の書籍も多く書棚に並ぶようになった。

そんな類書数ある中であっても、独自のポジションを保ち続けているのが本書なのだと思っている。文字通りマニアックな視点から見た暗渠の魅力を語る全編の中に、東京を中心に全国（ひいては台湾まで）の暗渠を紹介する具体論と、フレームワークを用いて暗渠の見方を提案する抽象論とを、絶妙なバランスで配置しているがゆえの自負だ。題材こそニッチだが、具体論と抽象論を織ることで、結果的により多くの方に向け間口を広く構えることにもなった。

さらに今回「増補版」として文庫化するにあたっては、新たに吉村・髙山がその後の全国暗渠探訪で見つけた「新しい街の景色」の書き下ろしを加えた。髙山の想い出深き下北沢と吉村が人魚のように辿った横浜を語る六章、水上ビルの街・豊橋と古墳の里・堺を吉村、髙山がそれぞれに綴った七章がそれだ。

そんな本書から、暗渠の深みはもちろんのこと、何かにハマるおもしろさ、ほんの小さなきっかけで眼の前の景色が変わる驚きを、一人でも多くの方にお届けできれば幸甚である。暗渠は実際には暗いけど、新たな発見をもたらす光明なのだ。

2024年2月

髙山英男

はじめに

暗渠(あんきょ)の道に足を踏み入れてから、数年が経つ。

自分はどうも暗渠というものが好きらしい、と気づいて、まずはじめに行ったことは、緑道から始まる我流のフィールドワークと、それから関連本を探すことだった。ところが当時、書店の検索機で「暗渠」と入力してみても、西村賢太『暗渠の宿』しか出てこない。いや厳密にいうと、工学系の研究者が書いた専門書も出てくるのではあったが、それらは探しているものとは違っていた。なにしろ初心者であったから、「どのように探したらいいか」さえ、よくわからない。他の検索語は思いつかないし、図書館へ行ってもどの棚が関係しているのかがわからず、世の中がとても不親切なように思えて立ちすくんだ。暗渠の世界からの発信もまだ少なかったため、いくつかのサイトを読むことくらいしか、情報を得るすべを知らなかった。

少しずつ少しずつ、暗渠の調べ方がわかるようになってきた頃、同じ趣味の人を見つけて話すようになった。暗渠そのもの、あるいは暗渠に付帯する橋跡や、古い建物が好きだという人、マンホールに井戸、地形に地図と、さまざまな重心の置き方があるようだった。なかでも、とりわけ暗渠自体が好きという人たちで話していると、写真を撮りたくなる位置や興奮するポイント、好ましいと感じる店舗や、食べ物や酒、音楽など、不思議と共通項が多いような気がした。

その一方で、これだけ狭い共通性があるというのに、どうも対象の「見方」は少しずつ違うようだ、ということも感じられてきた。それは、おのおのが発信するブログでの、まとめ方の違いにも如実に表れている。勘だけをたよりに日の出から日暮れまで現場に行く人、水源から順に一つひとつの暗渠をきっちりと辿る人、歴史等の考証に多くの時間を割く人、1本の暗渠の探求を何年も塗り重ねる人。

本書の筆者である吉村は、地域を限定し、郷土史を中心とした細かい情報を積み重ね、掘り下げてゆく方法を好ましいと思っている。一方の髙山は、広域を対象とし、俯瞰と理論化を繰り返すという方法により、東京の暗渠をメタ的に捉えている。このように見てみると、対極と言っていいくらいの違いを持っている。当然ながら、この二つの見方に優劣も正誤もつけることはできまい。

本書では、あえてこの二者の書いたものを、交互に並べてみることにした。一つのテーマに対し、二種類の捉え方で切り取った暗渠の姿を、矛と盾のように対比させながら示してみよう、という試みである。異なる視点は補完的でもあるから、縦軸と横軸という糸で編み込まれた暗渠の織物ともいえるかもしれない。

暗渠にのめり込んでいく過程において、地形や街歩きの、あるいはマニアックな関連領域の書籍は増え続けており、現在の書店の地図関連コーナーは、冒頭に記したような頃からするとまるで夢のような状況になっている。一つひとつの書籍に、その著者お勧めの「味わい方」が反映されていることだろう。そのなかで本書は、二つの「味わい方」を提示する。それは「暗渠の解説」というよりも、「暗渠の味わい方はいろいろあっていい」ということを示しているにすぎない。だから、この本を片手に街を歩くというよりも、この本を読んだ後に、自分ならばどのように暗渠を味わうかと考えたり、何も持たずに暗渠に出かけたくなってもらえたらうれしい。

暗渠とは愉（たの）しいばかりではない。近代の歴史を繙（ひもと）けばわかるように、河川暗渠化の背景には、たくさんの水害による犠牲が存在している。地元の方の記憶でも、暗渠化直前の河川とは、決して心地よいものではなかった。また、特に東日本大震災以降、人びとが地形的に低い場所を気にするようになっている。

しかし、暗渠のありかを知ることとは、今や地名からは語られなくなった低地の記憶を知り、死者を弔い、災害に備えることだ。あるいは、美しく豊かな姿ばかりではなく、凶暴で汚れた側面をも含めて、その川の存在を受け入れることだ。愉しいばかりではないが、苦々しいばかりでもない。このような複雑性を持った暗渠という存在に、惹（ひ）かれる人は年々増えてきているようである。

人の数だけ、街の味わい方があるのだろう、と思う。同様に、人の数だけ、暗渠の味わい方があるだろう。どの面に焦点をあて、どのように、どこを歩いてみたいだろうか。本書を読み終えた時、何かしらのイメージが残っているとしたら、幸いである。

吉村 生

2015年6月

たくさんの谷が刻まれている東京の地。その谷の多くには、今も川や暗渠が存在している。都内の川、用水、暗渠のうち、主要なもの、および本書で取り上げたものの一部を、高低差のわかる地図にプロットした。

1　流路は、原則として支流などをふくまず、代表的なもののみをプロットした。

2　本書内で使用する川の名前は、より一般的であろうと思われるものを採用しているが、確たる名前が見当たらない流れについては、仮称として（仮）と表記した。

ここに載せた以外にも、まだまだたくさんの暗渠が眠っている。もちろんあなたの街にも。

本書の地図は、国土地理院・国土交通省地方整備局作成の「基盤地図情報（5ｍメッシュ標高）」を、「カシミール３D」により加工し作成しました。

北耕地川
白子川
大泉学園駅
石神井川
大山駅
千川上水
谷端川
上石神井駅
池袋駅
水窪川
妙正寺川
中野駅
荻窪駅
吉祥寺駅
桃園川
松庵川
新宿駅
善福寺川
高井戸駅
玉川上水
神田川
初台川
玉川上水
千歳烏山駅
三田用水
渋谷川
下北沢駅
渋谷駅
仙川
北沢川
恵比寿駅
野川
空川
成城学園前駅
品川用水
丸子川
目黒駅
羅漢寺川
用賀駅
目黒川
谷沢川
都立大学駅
呑川
多摩川
二子玉川駅
自由が丘駅

序章

ようこそ暗渠ロジーへ

暗渠を知ると、路地歩きがもっと愉しくなる

髙山英男

暗渠マニアによる「暗渠」の定義

まずは、本書で使い続けることになる「暗渠」という言葉について、定義しておこう。「暗渠」を辞書で引くと、「地下に埋設したり、ふたをかけたりした水路」（小学館『大辞泉』）、「覆いをしたり地下に設けたりして、外から見えないようになっている水路」（三省堂『大辞林』）とある。つまり、地面から水の流れが見えはしないけれど、地下や蓋（ふた）の下の暗いところを流れている水路のことを指す。しかし本書では、これを「狭義の暗渠」と位置づけ、さらに広い解釈で、単なる「水路の跡」も「暗渠」として扱う。地下に水の流れが残っている、いないにかかわらず、「もともと川や水路（あるいはドブ）があったところ」をすべて「暗渠」と捉えていく。

もともと水路があった場所には「水でない何か」がいまだ残っており、それが私たち暗渠マニアの心に何かを訴え、好奇心を刺激し続けるのではないか、と考えている。時間とともに土地に降り積もった履歴、あるいは川が持っていた魂のかけら、ともいえようか。そうした何かが感じられる場所を、私たちは「暗渠」と呼び、愛（め）でていきたい。

東京の「暗渠」に惹かれる理由

私たちの主なフィールドは、都内を中心とした首都近郊である。その理由として、まずは東京の地形の面白さが挙げられる。東京、特に山手線以西は、至るところに尾根と谷とが入り組み、豊富な高低差を抱えた複雑怪奇な地形を有している。

東京都民にとって、多摩川、呑川、目黒川、古川、神田川、隅田川、荒川などは、開渠（水面が見える水路、いわゆる普通の川）としてなじみ深い川であろうが、地形図を見ると、それらの川の周りには、あたかも鹿の角のごとく、無数の支谷・支支谷があるのがわかる。

谷があれば、そこには川があったろう。川とまでいかなくとも、凹んでいれば、何らかの水の流れが生じる。さらに尾根づたいには、玉川上水をはじめとした人工の水路が張り巡らされ、あちこちの尾根を水辺へと変えていた。加えて、東部の東京湾岸エリアには、水運のための掘割が造られ、多くの河岸が賑わいを見せていた。かつての東京は、あちこちに川や水の流れが存在する「水都」であったはずなのだ。

近代から現代に至るこの１００年は、そんな水の都・東京から水が消えていく「暗渠化の時代」だったといえる。江戸から東京への移行に伴う明治期の都市改造、大正期の関東大震災からの復興、および太平洋戦争からの復興などの過程で、東京の水辺を覆う、いくつもの「大波」が押し寄せた。だが、最大のインパクトは、昭和30年代の高度成長期であったろう。経済が急成長し、東京が世界有数の近代都市へと変貌を遂げるのと引き換えに、山の手をはじめとする多くの川が水面を失くしていった。関東大震災の後、中央区などの臨海地域ではすでに堀が埋められていたが、昭和30年代、40年代……と、徐々に都心から離れた地域まで暗渠化の波が及んでいることが見てとれる［図1］。

世紀のイベントとなった1964（昭和39）年の東京オリンピックを迎えようとする頃、東京は一丸となって、急ごしらえの都市整備に邁進していた。なかでも、土地買収の時間と手間を省くため、日本橋川など大河川の上に高速道路をこしらえたのは有名な話である。これも大局的に見れば「川に蓋をした」ことになるのかもしれない。同じ頃、下水道整備という名のもとに、東京の多くの中小河川が「暗渠」へと変わっていった。もともと自然の川は高地から低地へと流れる。そのため、これを下水道に転用すれば、効率的にインフラが整備できると考えられたのだ。当時、爆発的に増え続けた工場や家庭からの排水で、臭く、汚くなった川に対する住民の悲鳴もこれを後押しし、多くの川は暗渠化され、土の中に埋められていった。高度成長期を経て今なお、各区で軒並み水辺は減り続けている［図2］。

明治大正期	稲荷堀（中央区）	藍染川（豊島区等）	思川（荒川区等）
関東大震災後	西堀留川（中央区）	鳥越川（台東区）	南割下水（墨田区）
昭和初期	紅葉川（新宿区）	音無川（北区等）	宇田川（渋谷区）
昭和20年代	三十間堀川（中央区）	六間堀（墨田区等）	葛西用水（足立区等）
昭和30年代	京橋川（中央区）	山谷堀（台東区）	河骨川（渋谷区）
昭和40年代	立会川（目黒区等）	内川（大田区）	北耕地川（北区等）
昭和50年代	前谷津川（板橋区）	油堀川（江東区）	洲崎川（江東区）

[図1] 東京の主な河川の暗渠化開始時期
（『川の地図辞典』などをもとに作成）

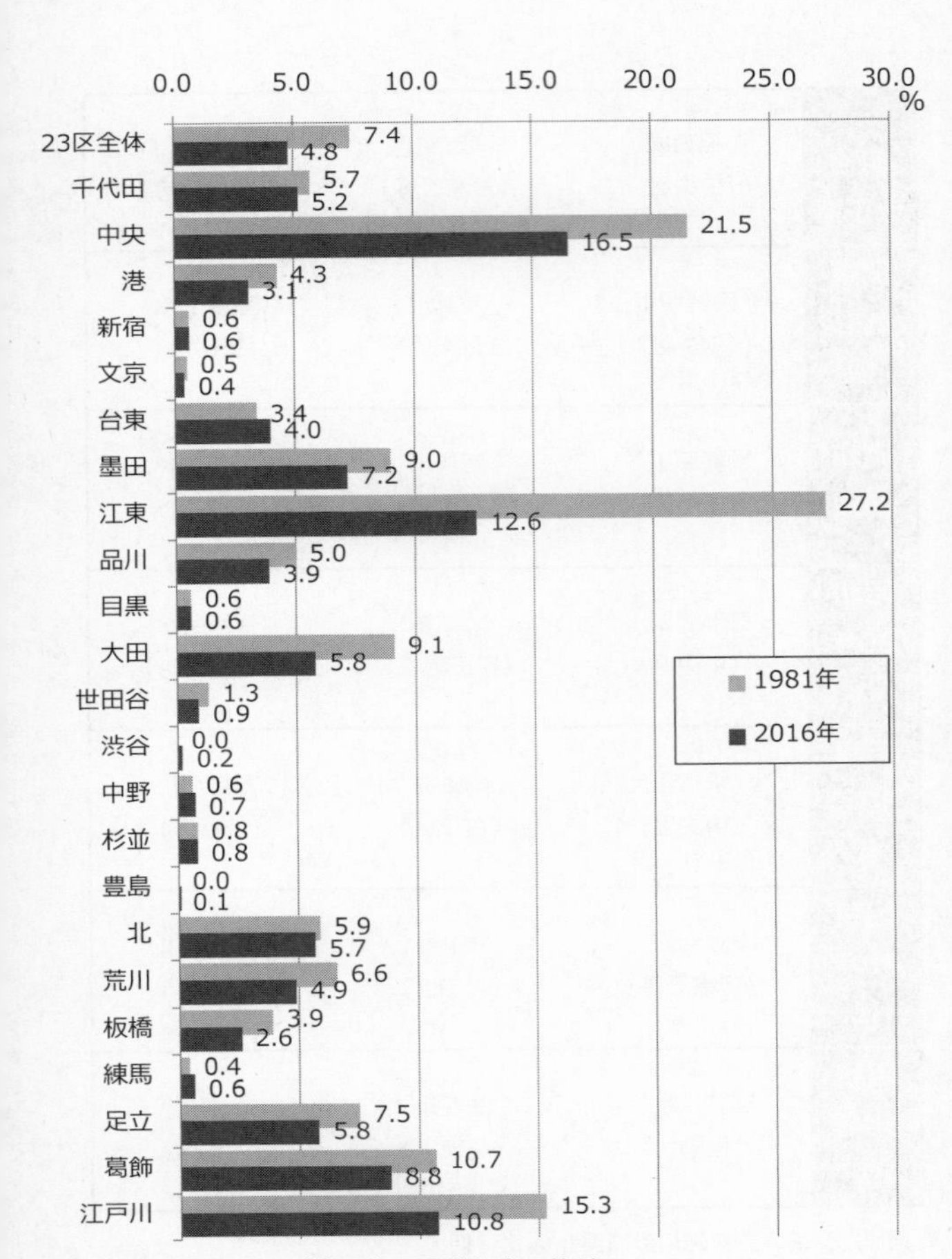

[図2] 東京23区の「水面」の面積比率の比較
(東京都都市整備局「東京都の土地利用――平成28年東京都区部」)

かつては清流をたたえ、人々の畏敬さえ集める「キヨメ」の場であったろう東京の川の多くが、排水による汚染によって「ケガレ」の場へと変えられ、現在は「暗渠」として、見た目「なかったこと」にされている。しかし、その多くは人知れず都市の下水道インフラとなって、第二の人生（川生？）を送りながら、私たちの日々の暮らしを支えてくれているのだ。

もともと暗渠とは、人の手がかかった人工物であり、都市化や近代化と密接な関係にある。それだけに、やはり東京の暗渠には、近代日本の歴史を透かし見るような面白さがある。

それはそうと、2020年の2度目のオリンピック開催を控え、今後の東京の川や暗渠はどうなってしまうことやら……。せめて今のありようをしっかりと見つめて、記憶に留めておこうと思うのである。

暗渠路地から街を読み解く

暗渠はあなたの街にも、きっと存在しているはずだ。以下、暗渠にありがちな風景をご紹介しよう。

1　周囲より低いところに続く、抜け道のような細い道

いわゆる「スリバチ地形」の底など、周囲よりがくんと低いところに細い道が続いているような場合、そこは谷をえぐって通っていた川跡である可能性が高い。膝下（ひざした）くらいの落差のこともあれば、片側、もしくは両側が崖のようになっているケースなど、さまざまである。

2　湿気の多い道の周辺で存在を主張する苔

すでに川は消えていても、谷の地形が残っている場合、低い谷側に周囲からの湿気が集まってくる。地中に流れる水の湿気が地表に漂い、馥郁（ふくいく）としたドブの匂いもかすかに嗅ぐことができる。苔やドクダミ、アジアンタムといった湿り気系の植物相を目にすることも。

3　遊歩道・緑道・鰻の寝床のような公園

川跡を有意義に活用しようという自治体の意気込みの現れか、緑道としたり、遊具を備えつけて遊び場にするケースも多い。しかしながら、じめっとした川跡の細長いスペースを公園にするのは多少無理があるのか、実際に子どもたちが遊ぶのをあまり見かけたことがない。

4　車止め

川面に蓋をしただけという構造の暗渠を荷重から守るため、暗渠の入口には、重量の大きな車両の侵入を防ぐ「車止め」が設置されているケースが多い。さらに場合によっては、金網で封鎖され、人の出入りさえ拒んでいるところもある。

5　道に連なるマンホール

暗渠の多くは自然流下式の下水道に転用され、暗渠の下に下水道管が敷設されているケースも多い。いきおい、メンテナンスのためのマンホールなど、下水道付帯設備も暗渠上には豊富だ。耳を澄ませば、下水道を流れる水のせせらぎも聞こえてくるはず。

6　車道に比べてあからさまに幅の広い歩道

計画的に車道と歩道をセットで造るならバランスも考えるだろうが、川を埋めて造った「あとづけ」の歩道は、どうしても車道との釣り合いもちぐはぐになる。その挙句、なかには何の前触れもなく、突然歩道が終わってしまっているような場所も。

いずれも共通しているのは、どこかにわずかな違和感、わずかな不自然さのある景色、ということであろう。この「わずかな」というのがポイントで、だからこそ、かつての川たちは私たちの日常に溶け込み、意識して見つめないとわからないような状態となっている。

だが、それは、ちょっとした気づきさえあれば、身の回りの風景がまったく違った見え方で立ち現れてくることを意味する。ふだん何気なく歩いていた小径（こみち）が暗渠だと気づいた時、あなたの周りの、あなたが捉えている世界がきっと変わるはずだ。暗渠は、身近にありながらもあなたを新しい世界へと誘う（いざな）異次元旅行スイッチなのである。

［参考文献］

菅原健二『川の地図辞典——江戸・東京／23区編』之潮、2007年
田原光泰『「春の小川」はなぜ消えたか——渋谷川にみる都市河川の歴史』之潮、2011年
本田創編著『地形を楽しむ東京「暗渠」散歩』洋泉社、2012年
大田区教育委員会『大田区の文化財第25集　地図で見る大田区2』1989年
江東区教育委員会『江東区の川（堀）・道・乗り物の変遷と人々』2010年

暗渠を
見る、聴く、歩く。

暗渠をどう捉えるのか。暗渠を歩く、とはどういうことなのか。それぞれのスタンスを示しながら、著者があなたを暗渠へと誘う。
見えない水辺を歩き、新しい景色を、埋め込まれたせせらぎを感じてみよう。

[練馬区 田柄交番付近の田柄川の支流]

第１章
暗渠、私の「見方」

桃園川・松庵川に対する私的アプローチ

杉並区・中野区

吉村生

恋に落ちた時のこと

学生の頃、高円寺の商店街を歩くことが好きだった。ルック商店街からパル商店街へとまっすぐ歩いていき、古着を見たり、甘食を買ったりすることが好きだった。その道が緩やかなV字谷であることや、商店街のつなぎ目にある密やかな遊歩道はまず意識されなかったが、しかし、こころの片隅に何らかの違和感として残ってはいたようだ。

その後、社会人になって数年経った頃に、私はひょんなことから、その商店街のつなぎ目に昔、川が流れていたことを知る。「暗渠」との出逢いだった。一瞬にして長年の違和感がほどけ、大いに感動した。雷に打たれたような心持ちだった。この現象を他者に論理的に伝えることは難しい。おそらく、恋に落ちる感じと似ている。

その日から、暗渠を探すようになった。高円寺の隙間を流れていたあの川は、桃園（ももぞの）

川という名を持っていた。荻窪の天沼弁天池から流れ出し、東中野で神田川に合流する、昭和30年代まで存在した川だった。現在は地下にもぐり、下水道幹線と一部の遊歩道に名を残している。

歩いてみると、遊歩道や車道となった本流もよいが、細い支流はかつての風情をそのまま留めていたりする。侘しい空気、地図に浮かぶ蛇行、背を向ける家々、町の境界、橋跡に護岸跡。さまざまな材料を寄せ集め、川の軌跡を推定し水面を想像しながら歩いてゆく。その行為は、驚くほどに街の見え方を変革するものであった。

当時、暗渠に関する体系化された書籍はまだなかった。桃園川についても、先達からの情報もありはするが、曖昧なものも多かった。手がかりがないということが、むしろ私の好奇心に火をつける。視覚と皮膚感覚を研ぎ澄ませ、痕跡を探す。道に迷い、間違え、帰ってきてさらに上流があることを知り……格闘するたび、手持ちのツールは少しずつ増えていく。下水道台帳、住宅地図、小説、古地図と地形のアプリ。地元の方に話を聴けることもあった。

古老の語りや古い新聞は、思いのほか役に立った。清流と戯れた話もあるが、暗渠化直前の桃園川は、汚く面倒なドブにすぎない。しかし、そのような川をこしらえたのも我々だ。そこにはさまざまな感情が渦巻いていた。どんな「ドブ」にもものがたりがあり、地形が記憶を紡ぎ出す。過去と現在、街の裏と表、昭和と自分、生と死などが交錯する場所が暗渠だった。執拗に暗渠蓋の写真を撮り、暗渠のほとりでの飲み食いや下水道の見学など、暗渠を軸としたさまざまな行動に、私は掻き立てられていった。

こうして数年が過ぎたが、私はまだ桃園川のことをよく知っているわけではない、と思っている。全流路、命名の経緯など、いまだ解けない謎はある。そんなわからなさが、なお一層私を惹きつける。そんなふうに惹かれ、謎を解きに現場に行き、そこでさらなる深みにはまることの繰り返しだ。

いつのまにか、「自分のやり方」ができていた。その私的アプローチについて触れるにあたり、特に力を

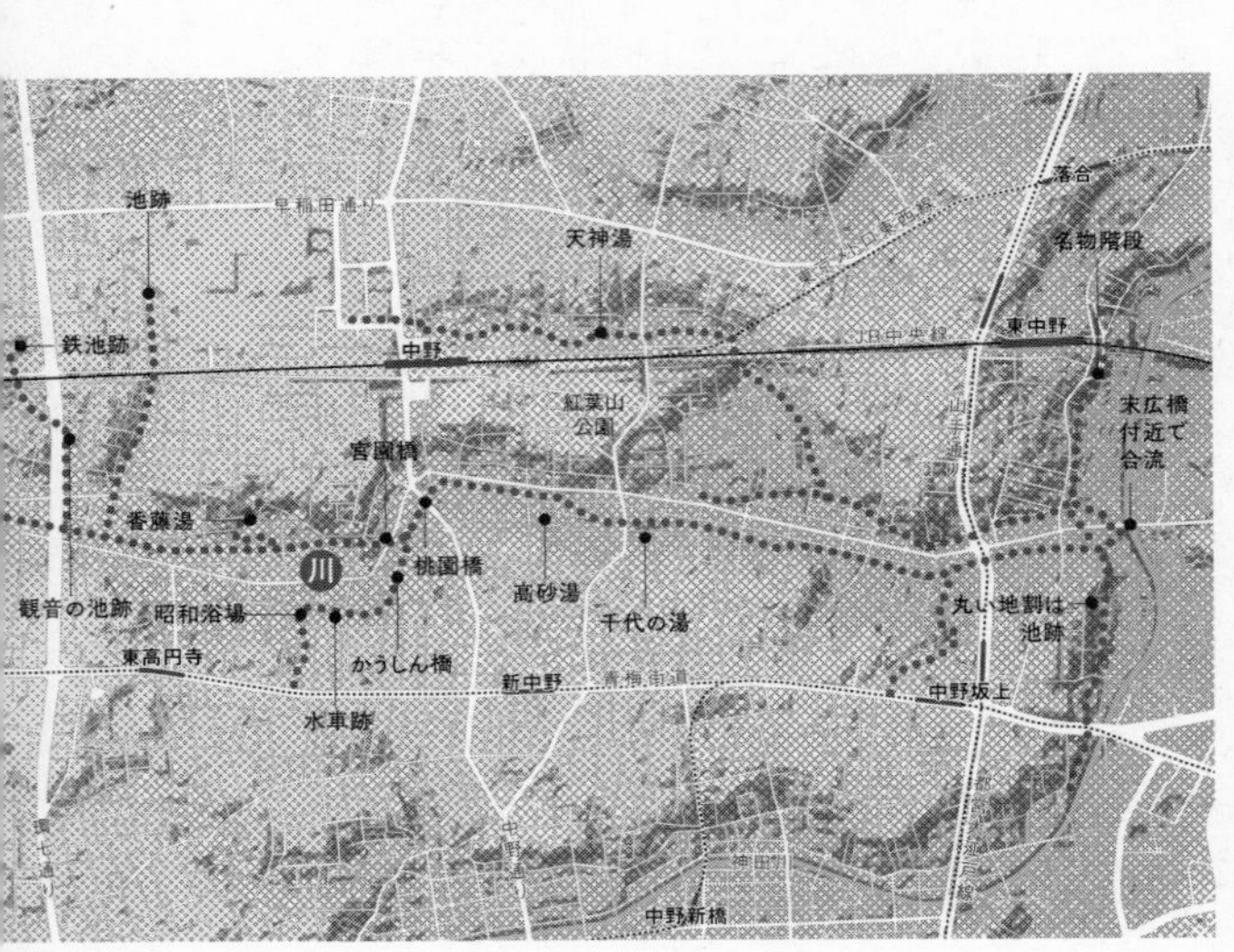

割いた桃園川と松庵（しょうあん）川という、杉並を流れる二つの暗渠について、かかわり方を振り返ってみたいと思う。

桃園川に対するアプローチ

既に述べたように、ファースト暗渠は桃園川であった。当初は暗渠を擬人化したりもしていて、桃園川はそのかわいらしい名前と一方的な愛着により、妹のように思っていた。

自分の暗渠へのかかわり方は、こんなふうに「人」に対するそれと似ているように思う時もある。その相手と、まずはとにかくかかわってみる。より深く知りたくなり、情報を集めてゆく。桃園川との付き合いは、大まかにいうとその繰り返しであっ

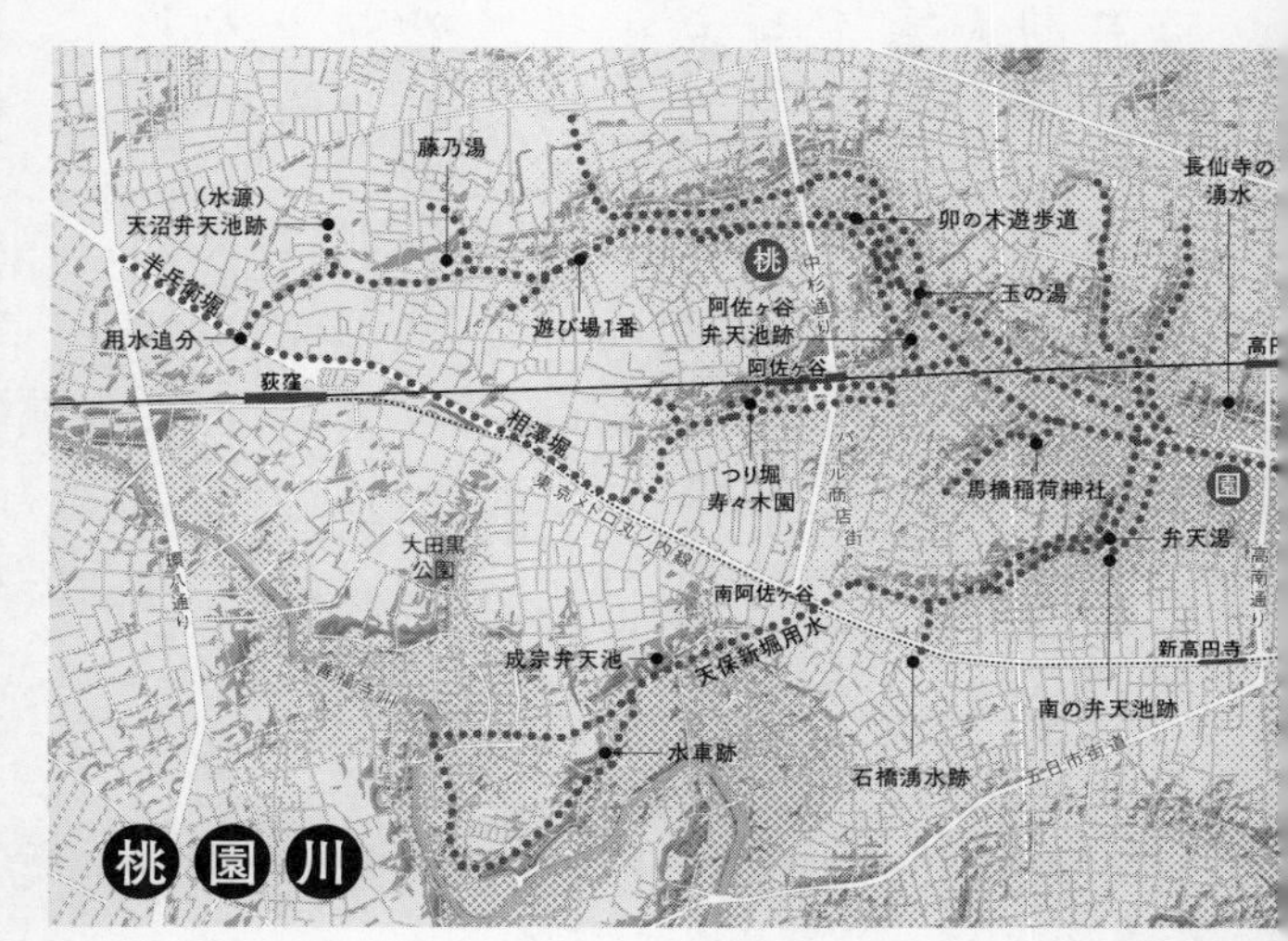

た。

手始めに歩いたのは桃園川本流の緑道であったが、次第に支流の奥ゆかしさにはまり、手に入る限りの資料を集めていった。地元の桃園川を探求する方々とも縁ができ、一緒に歩かせてもらったり話し込んだりもした。よそ者である自分にとって、地元の古老を紹介してもらえることは大変ありがたい。しかし、基本的には流域を一人で歩き、図書館で調べるという作業に大半の時間を割いた。

そうするうちに、ありがたいことに暗渠探索のツアーガイドや講演依頼が来るようになった。ツアーと言われ、まず最初に思いついた場所は阿佐ケ谷駅付近であった。駅近辺は地図を見ただけでも、たくさんの桃園川関連の暗渠がうねうねと走っていることがわかる。阿佐谷地区のみ、開発されたタイミングの関係で本流が遊歩道になっておらず、周辺の支流を含めて特に複雑なので、「阿佐谷暗渠ラビリンス地帯」と呼んでいた。そのラビリンスを解くようなツアーを組もう、と思ったのである。

桃園川は、かつては豊富に湧水のある農業用水路だったが、次第に水源のみではまかなえなくなってゆき、千川（せんかわ）上水や善福寺（ぜんぷくじ）川から人工の水路をつなげて取水した。人口の増えだした関東大震災以降から昭和初頭にかけ、改修工事が行われて田んぼは消えたが、その後の桃園川は下水を流されて汚れ、20年間毎年水害があったというくらい、氾濫（はんらん）がひどかった。こういった、さまざまに接続してくる水路の名残、それから、田園風景から氾濫までの記録や記憶に残る多様な川の姿、これらを集めて、ものがたりを紡いでみたいと思った。

集める材料はローカルなものほど良い。例えば、阿佐ケ谷駅近くに寿々木園という釣堀があるが、その付近は「阿佐谷田圃」といわれ、昭和初期まで水田があった。阿佐谷北には弁天池があり、１９８５（昭和60）年頃まで水が湧き、付近には弁天軒（のちに弁天寿司）という飲食店があった。一番街は湿地帯で、桃園川支流がその中をちょろちょろ流れていた。

川と絡んだほほえましいエピソードもなかなか多い。阿佐谷で実際にあった「老人が桃園川に落ち、隣家の犬が吠えて知らせて助かった。犬は警察からご褒美の牛肉をいただいた」という話が、１９６１（昭和36）年の「杉並新聞」に出ている。また、「長男が小２の時、瓶の中に〝このびんを拾った人は僕のところへお手紙をください〟と住所氏名を書いた紙を入れて、桃園川に流した。すると、月島の小学生から返事が来た。桃園川から神田川、隅田川と流れて、月島でその小学生に拾われたのだ」などという、浪漫あふれる語りも残されている。

こういったエピソードを集めてしまうのは、「昭和」に触れたくなるからなのかもしれない。それは、幼少期を過ごした時代への懐古でもあり、さらなる昔の長閑さに対する憧憬でもあり、さまざまな思いを伴っているのだろう。

昭和とは、すぐそこにあるようでいて、もはや触れることのできないものたちだ。杉並の暗渠には、特にその時代のエピソードがたくさん埋め込まれている。暗渠化された中小河川は、ほとんどの場合、地元ではたんなる「ドブ」としか呼ばれない。しかしその、たんなる「ドブ」とそのほとりに住む人びとの持つ温かさや可笑(おか)しさは、私を惹きつけて離さない。

松庵川に対するアプローチ

西荻窪の線路際から始まり、カクカクと街を南下しては東流する、松庵川という暗渠がある。高円寺で暗渠とは知らず桃園川の上を歩いていた頃、私は西荻窪に住んでいた。したがって、西荻窪にも暗渠があると知った時の興奮は激しすぎて、今でも忘れられない。

桃園川が仮想の妹ならば、松庵川は隣家の少年のようなイメージを持っている。「松庵」が男性（江戸時代の医師、荻野松庵）の名から来ていることもあるだろう。そ

桃園川に架かっていた「かうしん橋」の存在は、ブログ読者の方に教えていただいた

れから、あまりに謎めいているため、愛着はあるものの、身内のような親しみを持つまでに至らないのだった。

松庵川の説明を少ししておきたい。松庵川は、善福寺川の最大支流である。郷土史家により「松庵川」と名づけられての初出は平成に入ってからのことで、この水路のことを杉並区は「大宮下水溝」（「大宮前大下水」とするものも）、地元の人は「ドブ」「悪水堀」などと呼んでいた。

基本的に文献が少なく、地図への記載も少ない、謎の多い川である。メインの水源は甲武鉄道（後のJR中央線）敷設用のための土取場が池となったもので、吉祥女子高校のあたりにあった女窪と線路を挟んで南にあった男窪、合わせて松庵窪といった。ほか、慈宏寺裏や柳窪の低湿地、荻窪公園の湧水なども合わせていたといわれている。ただし、どの水源も「いつからいつまで湧いていたか」が明確でない。特に松庵窪は前述のように人工的なものだが、不明瞭なことが多い。

流路についても記録の不十分なところがあるが、はじめは畑の間にあるただの窪地が、雨水の通りみちとして次第に削られ、浅い谷になったと考えられる。この窪みを使って、大正後期に幅3尺（約1メートル）、深さ3尺の水路が開削される。

桃園川同様、関東大震災の後に周辺の人口が急激に増えてからは、排水の流れる水路に変わっていった。昭和初期には雨のたびに氾濫するので住民が悩み、分流を造るなどした。暗渠化は段階的であり、最後まで水と闘っていたのは高井戸第四小学校の上手から移転前の荻窪小学校の手前までの取り残された開渠で、1971（昭和46）年にようやくここが蓋された。

このように、他の河川と違って松庵川はその水源も水路も人工的な要素が多い。また、水路敷（管理上、水路とされている場所）のほとんどが私有地であったらしい。そのため、水路が使われなくなると所有者が転用するなどし、それゆえ痕跡が断続的となっている。

このようにとても独特で、かつ解けない謎が多いため、たまに西荻窪に出戻っては調べものをしていた。そうこうするうち、西荻案内所という、西荻窪の活性化に取り組んでいらっしゃる方々との出逢いがあり、松庵川のツアーを行うこととなった。

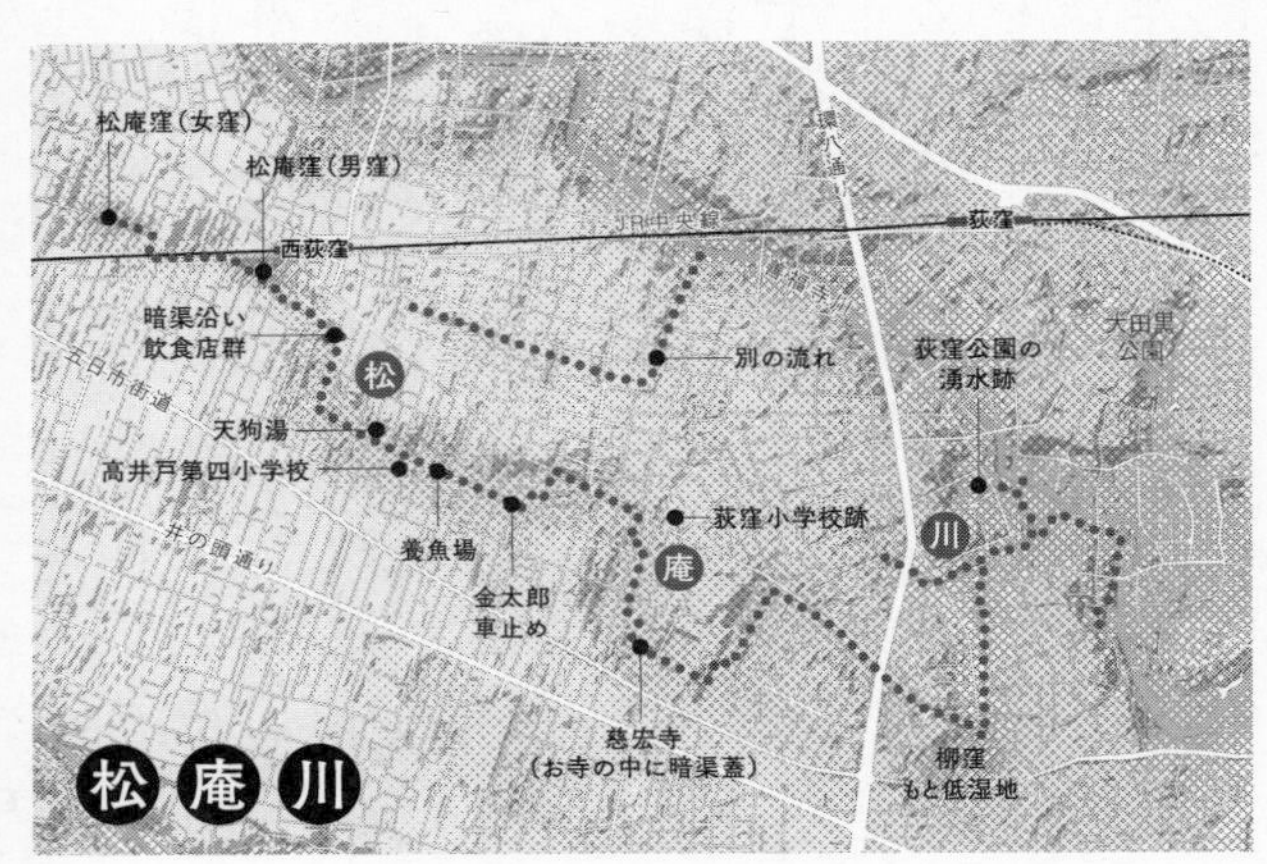

　最近では、ＮＨＫの「ブラタモリ」というＴＶ番組のおかげで「暗渠」がなにものかを理解する人が増え、また知識を持つ人も増えた。アプリ「東京時層地図」をはじめとする充実した地形図や古地図、東京の暗渠を網羅した書籍が出るなど、暗渠へのアクセスはずっと良くなっている。ネット上でも、暗渠の情報はたくさん得られるようになった。つまり、暗渠に興味を持つ人は、自ら現地へ赴き、自分でひととおり流路を確定し、歩ける時代なのである。そんななか、わざわざ人を集め、ツアーなどを行う意味はなんだろう？　疑問が頭に浮かんだ。

　もともと、暗渠趣味の醍醐味とは、好奇心を絶やさずに自分で調べ続けることだと思っている私である。書籍や詳細な地図、ツアーガイドで「答え」を提示してしまうことに対する抵抗感は少なからず持っていた。しかし、ガイドをすることがそこまで害悪だと思えなかったことも事実だった。

　松庵川ツアーを行うにあたり、出した答えはこうである。

「自力で暗渠を辿ることができる人は、現在増えつつあるだろう。あえてガイドをすることの意味は、その見つけ出した川の抜け殻に、かつてあった風景や地元の方の思い出話を加えることで、ふたたび命を吹き込むことではないか」

　これを、地元でちまちまと得た資料と語りを使って行うことが、もしかすると自分にできることかもしれない、と思ったのであった。そのように決めてから、ますます私はローカルで生きた情報を得たいと思うようになった。

松庵川のデータはわずかであったが、それらをつなぎ合わせると、川沿いの風景をつくることができる。両岸には桑や、桜などが植えられていた。水は澄み、ドジョウやオタマジャクシ、ザリガニがいた。ホタルも飛んだ。しかし、ドブとともにあるのは、そういった美しい記憶だけではない。水害がひどくなった1938（昭和13）年には1年に7回も浸水したというし、小学校の正門前の橋が流されたり、たらいに乗って学校に来る子がいたり、畳が早く腐って困ったとか、浸水慣れしてしまい、机を用意してすぐ畳を上げられるようにしていた、などという話も聞いた。

幸いなことに、西荻窪のように地元のネットワークを丁寧につなげている組織とかかわらせてもらえると、イベントに絡めて地元の方の話をさらに聴けるという循環が生まれる。これは、桃園川を調べた時には遠慮していたことだが、「地元の方がついている」という安心感は大きなもので、あちこちでインタビューさせていただいた。講演をすると、地元の方がさらに教えてくれ、そしてその情報をまとめてさらにフィードバックし……と、松庵川の深みにますますはまっていったのであった。

暗渠を歩くということ

いささか後先見ずに、杉並の暗渠たちに入れ込んでいった様子が伝わっただろうか。たくさんの方に助けていただいてこれらの探求が行われてきたことは明らかで、感謝の意は尽きない。しかし、今でも一人で暗渠を歩くことが多く、それが基本的な自分のスタイルだと思っている。

暗渠を歩くことが、何をもたらしているのか。ここで一度整理してみると、私にとっては、まずは外形を「味わう」ことから始まっているのだろう、と思う。暗渠沿いにある、哀愁漂う古いものたちを、川の名残の構造物を、味わうことが面白いと思えなければ、そもそも暗渠の道に入ることはなかっただろう。ひたすら歩き、味わっていることで、見えてくるものもあった。

その次には、古い新聞や地元の細やかな冊子集めや地元の方へのインタビューといった、そこでしか得ることのできない情報を持ち、それらを「重ねる」ことである。そうすることで暗渠は、ただの道路に立ちながらも、昭和にタイムスリップできる装置となる。歴史を知ることで外形の味わいにも深みが出、その辺りに住んでいた誰ともわからない人びとの語りで紡がれたものがたりは、どんな空間にも親しみと好奇心をもたらすだろう。

そのようにして暗渠を歩きだすと、さまざまなものが「つながる」。水源と河口が、分断されていた街と街が、過去と今が、人と人が、つながりを持って感じられるよう

西荻での暗渠イベントに使用した松庵川の絶景イラスト（イラスト・さくらいようへい）

になる。ただしそれらは、ダイレクトな水面とではなく、暗渠という蓋が隔てたつながり方である。その蓋1枚により、私たちは想像力をより掻き立てることができるし、また、怖く汚いものにでも、多少は安心してかかわることができるようになるのではないだろうか。

このような「味わい」と「重なり」、そして「つながり」が、暗渠の散歩を重層的に面白く、より魅力的にしてくれるキーワードだと考えている。次章からは、このようにして私が何らかのかかわりを持ち、そして愛着を持って歩き、調べた他の暗渠たちに登場してもらうこととする。それらの記述を通し、各暗渠の持ち味を味わっていただければ幸いである。

［参考文献］
本田創編著『地形を楽しむ東京「暗渠」散歩』洋泉社、２０１２年
杉並区教育委員会編『杉並の通称地名』１９９２年
杉並区立郷土博物館編『杉並の川と橋』２００９年
杉並郷土史会「杉並郷土史会会報」第１２７号、第１３１号
「杉並新聞」第９６６号、第１１３４号
荻窪小学校創立30周年記念誌『おぎくぼ』１９８１年
高井戸第四小学校創立40周年記念誌『わたしたちの高四小』１９７９年

［初出］
「暗渠に恋をする」（『東京人』２０１４年10月号）に加筆修正

暗渠、三つの愉しみ方

髙山英男

「私」に似ていた暗渠

かつて私は暗渠のほとりに暮らしていたことがあった。手続きの時、仲介に入った不動産屋が「ここ、暗渠なんですよね」と申し訳なさそうにぼそっと言ったのを、なぜかとてもよく憶(おぼ)えている。

その家は谷底にあり、どちらかというと湿り気が多く、家の横には白い車止めが備えられていた。当時はまったく暗渠に興味がなかったため、普段は意識しなかったが、大雨の日に家の前のマンホールから轟々(ごうごう)と響く水音を聞いては「そういえばここは暗渠だって言ってたよな。まだ川みたいなものが地下にあるんだな」と気まぐれに思い出す程度だった。

暗渠に目が向いたきっかけは、たしか近所を自転車で走り抜ける際の近道を調べていた時だったように思う。何かの拍子に、よく使っている細道が暗渠であるという事実を知り、なんとなく興味を惹かれて、同じような道を見つけては通ってみるようになった。

　そこでうっすら感じたのは、暗渠という場の文字通りの暗さ、そこはかとない侘しさだった。都内の中小河川暗渠の佇まいとは、おおむね湿り気をたたえ、ひっそりと薄暗いものである。どの家からも背を向けられ、特にありがたがられることなく、ところによっては周りから「なかったこと」にされている。時間さえも止まったような、日常から排除された場所だ。これは、人が大なり小なり抱えている疎外感や孤独のメタファーと考えられるのではないだろうか。

　しかしながら、下水道管に転用されたとはいえ、暗渠は今も見えない地下でしっかりと水脈をつないでいる。水脈が断たれた川跡であったとしても、「かつて川であった」という確かな履歴が刻まれている。まるで通る人に「私は今もここにいる」と囁くかのように、その履歴の微かな痕跡を遺している。そこに私は、かつて清い水をたたえて流れていた、川としての存在のプライドを感じるのだ。

　今ではすっかり見えなくなっているものの、そこには川としての堂々とした尊厳がある――それが暗渠だ。そのありようは、個人の存在に似たところがあるのではないか。少なくとも、それは「私」に似ていた。私の心の中にも暗渠があるのだ。それに気づいた時、さらに、誰もが心の中に暗渠を持っているのではないか、と感じた時を境に、私は憑かれたように暗渠に夢中になってしまったのだ。

とはいえ、これは多分に自分の生い立ちや経験、それに思い込みも含まれる、ごく私的な考えであることはわかっているので、以下、もう少し客観的なスタンスに立ち返り、暗渠の魅力について述べていくことにしたい。

暗渠の「三つの愉しみ」

細くくねって先が見えない暗い道。とりあえず入ってみる。何度か左右に曲がるうち、方向感覚がおかしくなる。通る人はあまり多くないのだろう、なんだか雑草や苔が目立つ。道端の家の裏にはサビだらけのポンプ井戸。久しく使われてはいないようだけど、いったいいつ頃まで現役だったんだろう。

もう引き返そうとさっきから思いつつ、この先の風景が気になって、もう少し、もうちょっとだけと進んでいく。突然周りがぱっと開けて、大きな道路に出る。どこか見覚えのある風景に、そういえばここはいつか来たことがあるあの道だ、と膝を打つ思いがする……。

初めて意識した暗渠体験はこんな感じだった。まるで遊園地のジェットコースターに乗っているかのように興奮したものだ。

当時はこんなことがなんでこうも愉しいのかわからなかったし、人に「暗渠の何が愉しいの？」と聞かれてもうまく説明できず、もどかしい思いもした。

それでも暗渠歩きを重ねるごとに、暗渠の魅力は「ネットワーク」「歴史」「景色」の三つに大別できることが見えてきた。以下、これを一つずつ紹介していこう。

1　隠れていた「ネットワーク」が見えてくる
普段、ロードマップや鉄道路線図を見慣れている私たちが思い浮かべる「東京の地図」は、山手線や環七・環八などがつくる皇居を中心とした同心円と、都心から各地に延びる主要街道、鉄道が描く四方八方の放射線、おおむねこの二つが骨格となって構成されているのではないだろうか。つまり、幹線道路と鉄道が織りなすネットワークである。

例えば、ＪＲ蒲田駅から東急田園都市線桜新町駅までの行程を考える時、多くの方は「蒲田駅から京浜東北線で品川駅まで北上し、山手線に乗り換えて渋谷駅で降り、渋谷からは田園都市線で四つ目」とか、「蒲田駅のすぐそばを通る環八を用賀まで北上して、国道２４６号線を東に入ってす

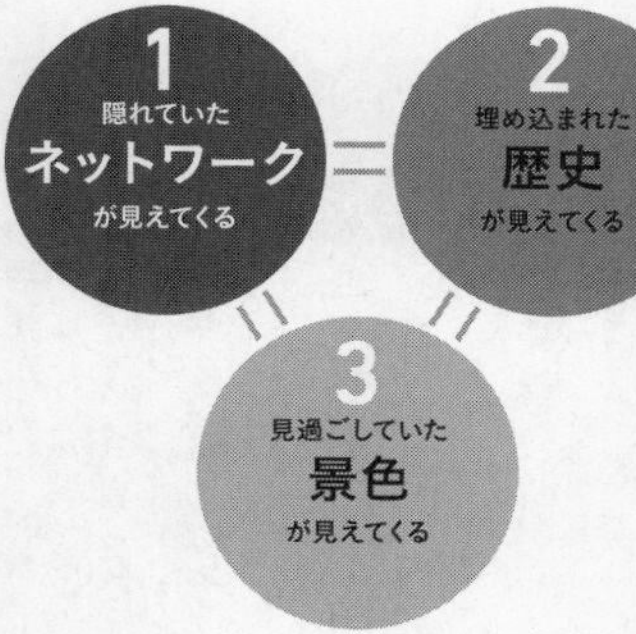

暗渠の魅力は、三つに集約できる

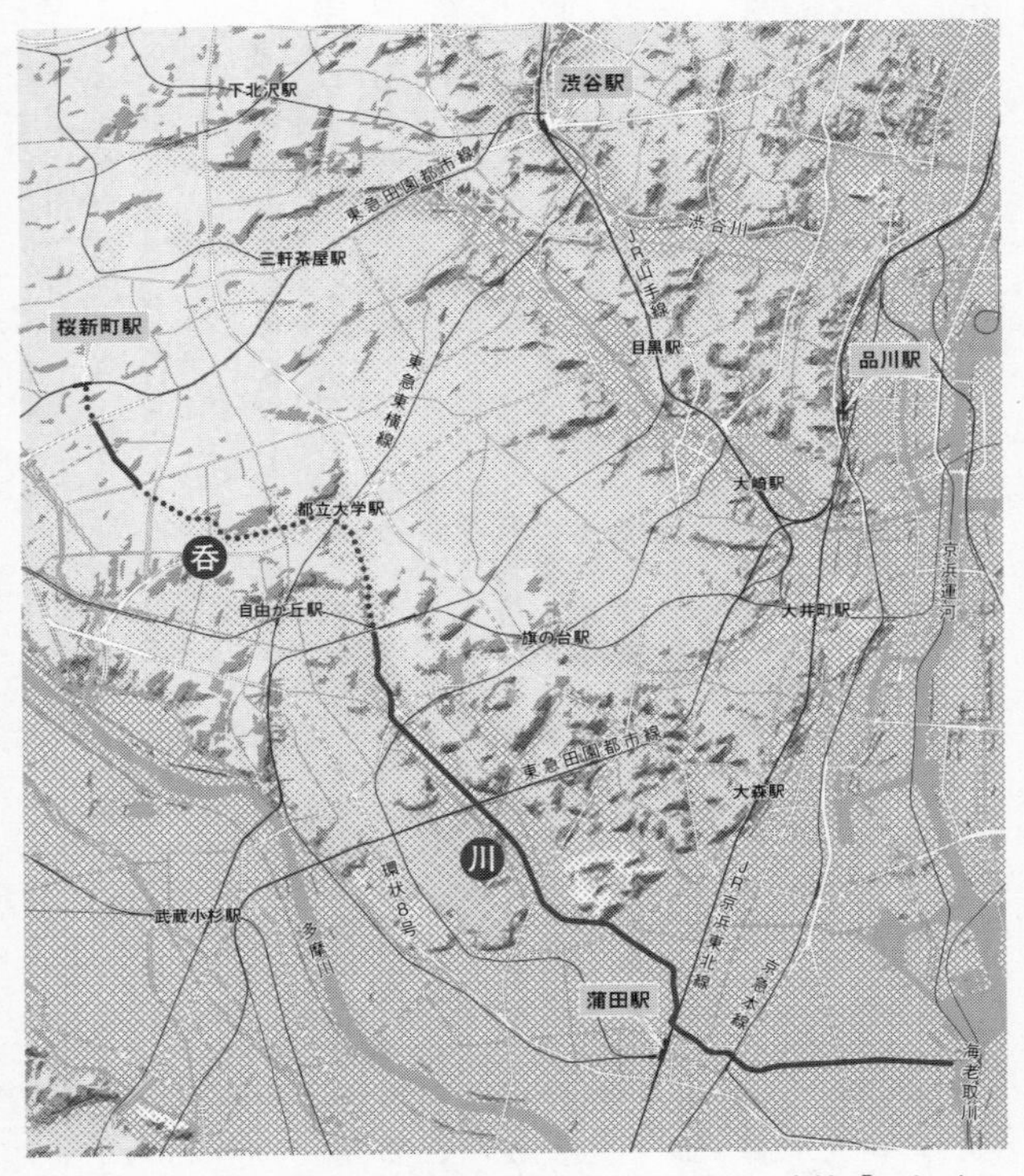

JR 蒲田駅と東急田園都市線桜新町駅は呑川という川で直接「つながって」いる

ぐに左折」などと想起するであろう。

一見、何の関係もなさそうな場所どうしに見える蒲田と桜新町。しかしながら、暗渠目線で見ると、この両駅は「呑川」という川でダイレクトにつながっているのである。

呑川は蒲田駅のすぐ北側を開渠で流れている。これを遡ると、池上本門寺の山のふもとを通って、東京工業大学まで続いている。そこからは暗渠となって北上を続け、東急東横線都立大学駅付近で三つの支流に分かれる。その最も長い流れを辿っていけば、世田谷区深沢を貫いて桜新町へと到着する。

ほかにも、距離も近くはないし、鉄道路線も違っているのに「上」「下」の関係となっている上北沢と下北沢は、「北沢川」でつながっているという例もある。このように、川が描くルートをいつもの「道路と鉄道でできた東京の地図」に重ねてみると、脳内でシナプスが伸びていくように、いつもの地図では見えなかった新たなネットワークが姿を現してくる。

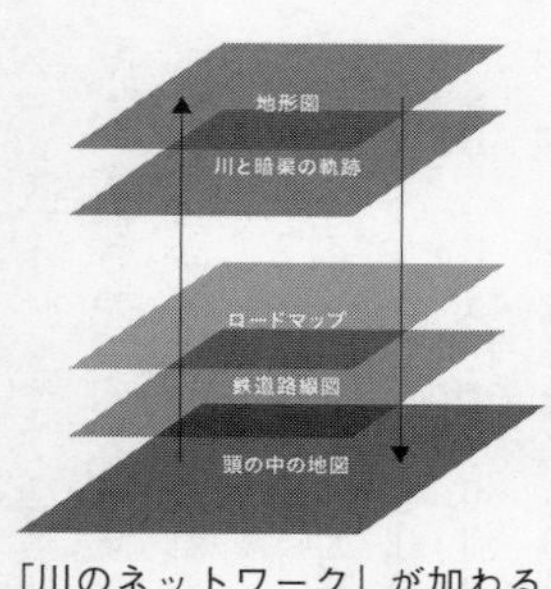

「川のネットワーク」が加わると見える世界が変わってくる

川が流れるところは基本的に谷であり、両側には尾根や台地が控えている。それゆえ、「川のネットワーク」というレイヤーを追加することで、ほぼ同時に「土地の高低」という地形のレイヤーも被さってくるはずだ。この新たな二つのレイヤーは、脳内の地図を3D化し、さらに豊かに彩ってくれるに違いない。

2 埋め込まれた「歴史」が見えてくる

魅力の二つ目は、それぞれの暗渠が持つ歴史、あるいは履歴に触れる愉しさである。東京の川は約10万年前にまで起源を遡ることができるが、序章でも述べたように、こと暗渠となると、1923（大正12）年の関東大震災以降が主な舞台となる。

東京の歴史は、街の再フォーマット（初期化）の歴史でもある。震災からの復興、東京大空襲からの復興、高度成長期、バブル景気時の再開発など、わずか100年足らずの間に幾度ものインパクトを受け、そのたびに初期化がなされてきた。それは自然河川にも及び、特に都内の中小河川の暗渠化が急速に進むこととなった。

こうした東京の履歴を調べることは、そう難しくはない。図書館に資料も残っているし、現地でかつてを知る方にお話を伺うこともできる。かつてそこが川だったこと、岸辺にたくさんの花が咲いていたこと、そこによく子どもが落っこちたこと、宅地化が進むにつれて洪水に泣かされてきたこと、やがて生活排水や工場排水の悪臭で川が嫌われものとなったことなど、悲喜こもごもの小さなエピソードを見聞きすることは、

「暗渠に込められた東京のものがたり」を発掘する喜びでもある。

3　見過ごしていた「景色」が見えてくる

三つ目の魅力は、暗渠の「景色」に関するものだ。これはさらに次頁図のように、「暗渠に付帯するもの」「暗渠そのもの」「暗渠からの連想」の三つに分けて考えることができる。以下、順番に見ていきたい。

①　暗渠に付帯するもの

暗渠を歩いていると、かなり頻繁に出会う物件がある。例えば、「銭湯」「クリーニング店」「米穀店」「豆腐店」「染物店」「材木店」「バスターミナル」「井戸」、そして「車止め」などがそうだ。これらは、付近の暗渠の存在を示唆する「暗渠サイン」と呼ぶことができ、実際、暗渠探索の際の有効な手がかりとなる。

しかし、物件によっては「これがあるならば、かつて川であったに違いない」という暗渠と非常に相関性が高いものもあれば、「暗渠以外でもよく見るが、暗渠でも目にする」といった程度のものまで、その確度はまちまちである。

暗渠サインの種類と愉しさについては、第2章で詳しく紹介したい。

景色の魅力をさらに三つに分けてみると

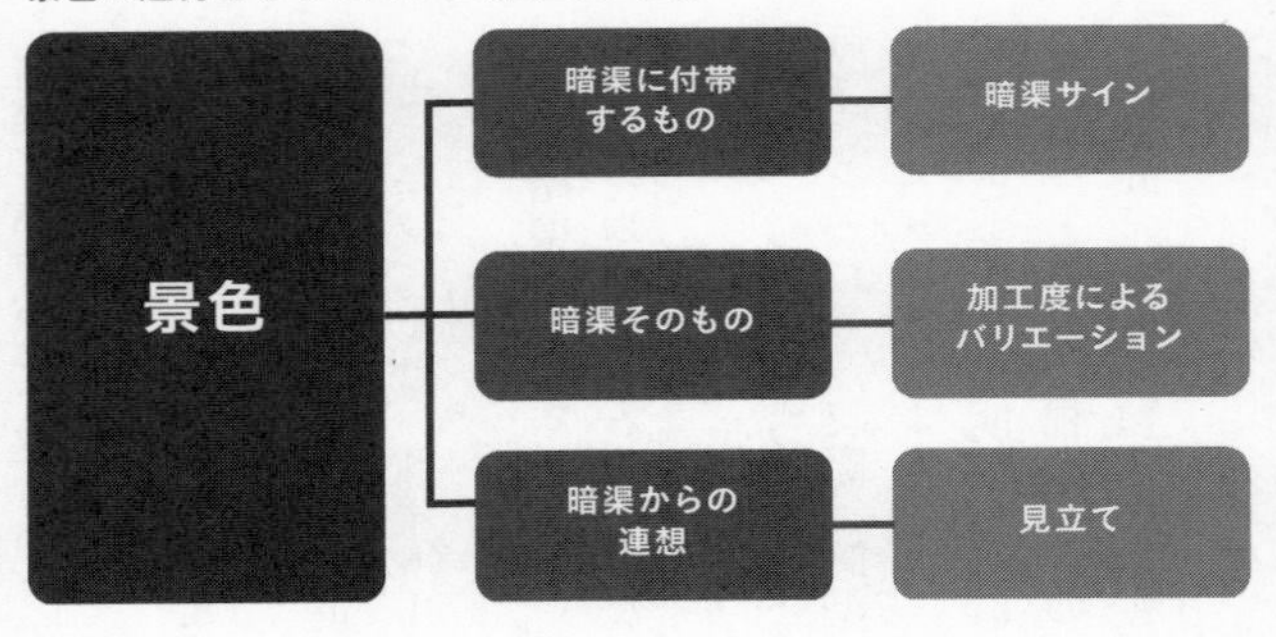

大田区女塚（おなづか）川の支流の暗渠。昭和40年代の姿を知るクリーニング店のご主人は「川じゃなくてドブだよ。よくネズミがちょろちょろしていたもんだ」と語ってくれた

② 暗渠そのもの

暗渠や川跡と一口に言っても、そのルックスは川や場所によって実に多彩であり、一つとして同じものはない。当然、それは暗渠の個性と言い換えてもいいだろう。多彩なバリエーションを持つ暗渠をそのまま受け入れてもいいのだが、たくさんあるものをコレクションするうちに、つい分類したくなってしまうのが人の性。詳細は第5章で述べるが、私はこれらの多彩な暗渠の姿を「加工度」という軸で分類することを試みた。

水面が見える開渠と、それを加工して水面を隠した暗渠とでまず二分している。水面が見える状態のうち、ほとんど素のままの開渠を「レベル0」、護岸などに手が入れられたものを「レベル1」とし、水面が見えなくなり加工度が高くなるにつれて「レベル2」「レベル3」「レベル4」と分類した。

この分類スケールを、暗渠を捉え、語る時の一つの共通した記述方法（見かた・アングル）になればという願いから、「暗渠ANGLE（アングル）」と名づけている。あちこちで見つけた暗渠の姿を、このような物差しで見比べ、収集してみるのも一興である。

③ 暗渠からの連想

三つ目に挙げるのは「暗渠からの連想」、平たくいえば「見立て」である。「見立て」とは、例えば日本庭園や箱庭、盆栽などでも見られる創作技法、および観賞技法で、ある物体をもって違う何かを見ること、見させることだ。

これは見る者の精神性や創造力が問われる、非常に高度な（あるいはちょっと行き過ぎた）愉しみ方といえる。異なるものとの共通点を見出し、目の前のものを何かになぞらえながら受け入れ、愛でる。これは日本文化の真髄であり、当然、暗渠の観賞にも応用できる究極の愉しみ方ではないだろうか。

哲学者サルトルは京都・龍安寺の石庭を「世界で最も美しい庭」と絶賛し、静かにカメラのシャッターを切ったという。暗渠もその多くが人通りの少ない路地裏であるため、しばしば侘び寂びの漂う空間になっている。荒れ果てて、廃棄物さえ転がる「プチ廃墟」のような場所もある。そんな暗渠に「見立て」を試みると、かつての川の流れが立ち現れてくるようだ。ゆったりとしたカーブを描いて進む蓋暗渠（開渠に、何らかの資材を使って蓋をすることで暗渠にしたもの）は、まるで雄大な氷河のようだし、湿って苔むす静寂な暗渠は、岩の間に清らかな水がほとばしる山奥の渓流を思わせる。

見えずとも、見立てで広がる水景色。

東海道新幹線、横須賀線の高架や土手の下を這う暗渠は、北欧のフィヨルドをのぞき込むかの如し（品川区・古戸越川）

暗渠もある意味、豊かな水辺空間である。しばしじっと風景を見つめ、心を研ぎ澄ましてイマジネーションを解放し、思い切りその美しさを味わってみることをお勧めする。

〔参考文献〕

朝吹登水子『サルトル、ボーヴォワールとの28日間——日本』同朋社出版、1995年

COLUMN 1 あの娘が走った桃園川

吉村生

『妹』（藤田敏八監督、1974年）という映画の最初のほうに、桃園川が登場する。

林隆三の運転する車が、ある朝、エトアール通りを走る。今、西友がある場所にかつてあった映画館の名を冠した、エトアール通り。桃園川が開渠だった時、氾濫すると水がここまでやってきた、エトアール通り。このエトアール通りを、林隆三は荷台に秋吉久美子を乗せながら走る。住宅地図と照らし合わせてみると、エトアール通りのお店はずいぶん、入れ替わるか住宅になっている。秋吉久美子は、エトアール通り上にいた犬に声をかける。そして車は左折する。右方向から桃園川支流が合流してくるので、その橋跡が地面に今も残る交差点、つまり桃園川支流に沿って左折する。その後どうするのかというと、なんと桃園川暗渠沿いに車を止め、桃園川支流である天保新堀用水のほうへ歩いてゆくのだった。そして、しばらくこのへんをウロウロした林隆三は、不機嫌そうに、天保新堀用水を歩いて帰ってくる。車止め、家々、道の広

赤、白、青色、鮮やかな色合いの遊具のそばを走る兄妹役の林隆三と秋吉久美子（『妹』© 日活）

さ、鉄塔。現在の風景とはいろいろ、違う。でも、いろいろ、一緒でもある。

　当時の桃園川暗渠は、カラフルな欄干、リヤカー、不格好な鉄塔……最初画像をチラと見た時、現在の桃園川は杉並区側の方が色合いが地味なので、こんなにカラフルな桃園川は中野区に違いない、と思っていたのだが、実は杉並区高円寺だった。だいぶ様子が違うのは、後に杉並区がここを公園から緑道に整備し直したことによる。桃園川が暗渠化されるまさにその時、近辺では子どもの遊び場不足が叫ばれていて、この「暗渠上の公園」の登場はかなり歓迎された。なるほど子どもらしい色彩の空間。今は、色合いからしても、大人たちの散歩の場所になっているというわけだ。

　さて、ここに車を止めた彼ら。橋跡上でひと悶着（もんちゃく）あってから、子どもたちが遊ぶなか、秋吉久美子が、走る！　林隆三、追いかける！　秋吉久美子、遊具に隠れる！　林隆三、手を伸ばして捕まえる！　秋吉、嚙みつく！　林、負けずに秋吉を引きずり出す……と、桃園川で兄妹げんか。

左手に見えている材木店は現在も材木店であり、今は材木は内側に置いてある。おそらく蓋がけ後の初期の姿である桃園川の映像だ。子どもたちが遊具で遊ぶ風景。近いようで、遠い過去。

映画に出てくる桃園川暗渠。「そんなの、見たことがない」と思っていたけれど、流域は杉並・中野、支流も含めれば結構な広さなのである。もしかすると、他にもどこかでひっそり、映っていることがあるのかもしれない。

あなただけの
「名所」を探しに。

誰もが認める名所でなくたって、あなたが発見し、あなたが決める名所があっていい。たとえ、そこにときめく人があなただけであっても。

さて、暗渠マニアは、どんな名所を発見するのだろうか。

[北区 西ケ原の旧古河庭園内]

第2章
名所と暗渠

谷田川（やた）暗渠のウラオモテ

巣鴨・駒込

吉村生

まとまった休みが取れた週末、天気が爽快な朝、どこかに行きたいなと思うことがあるだろう。自分のアクセスできる情報をたよりにどこかに行こうとし、その「どこか」について思いを巡らせることがあるだろう。それは世間一般的な「名所」かもしれないし、その人にとっての「名所」かもしれない。だけれどそもそも我々は、「名所」を見にゆくことを主目的に、そこへ向かうのだろうか？

例えば、サクラの名所に花を見に行ったとしよう。たしかにサクラが良かったとしても、帰り道に立ち寄った中華屋のラーメンが異様に美味だったならば、ラーメンの発見のほうが記憶の上ではメインになるかもしれない。そういったおまけの副産物を、出かける際の楽しみとして端（はな）から織り込む人もいれば、あくまで主目的の達成を主眼とする人もいるだろう。しかしいずれにせよ、メインとサブ、あるいはオモテとウラ、どちらも味わえたら、きっと、その旅はより面白くなる。では、いったい何がオモテで何がウラか？　と考え出すと、途端によくわからなくなるのだった。

暗渠を通して「名所」とは何かと考える時、暗渠として有名な物件を挙げることもあるだろうし、観光名所の付近にある暗渠と考えることもできるだろう。はて。いわゆる観光的「名所」が「オモテ」で、マニアックな場所は「ウラ」なのだろうか。

中山道と染井霊園

ＪＲ巣鴨駅から出て北上する。目の前にある白山通りは中山道でもあり、広くて交通量も多い。巣鴨といえば、の巣鴨地蔵通り商店街の入口も中山道に面しており、今も昔も賑々(にぎにぎ)しい場所である。地蔵通り商店街に向かう人々は中山道を渡り、雑踏の中に消えてゆく。この地蔵通り商店街も実は千川(せんかわ)上水の分流の暗渠であるのだが、今回こちらは取り上げない。

中山道をもう少しだけ北上する。そこから脇に入ったところに、染井霊園がある。巣鴨地蔵通りや中山道に比べ、地形的にもやや下がりつつあるそこは、墓地でもあるわけで、表通りと対照的に静かで地味な場所である。いや、ほとんどの時期は静かなのだが、春になるとたくさんの人が訪れる。染井という地名が示すように、ここはソメイヨシノの産地であったのだ。染井霊園も春になると、立派なサクラがポップコーンのように咲き乱れる。

その光景はいかにも由緒有り気であるが、昔から墓地だったわけではない。隣にあ

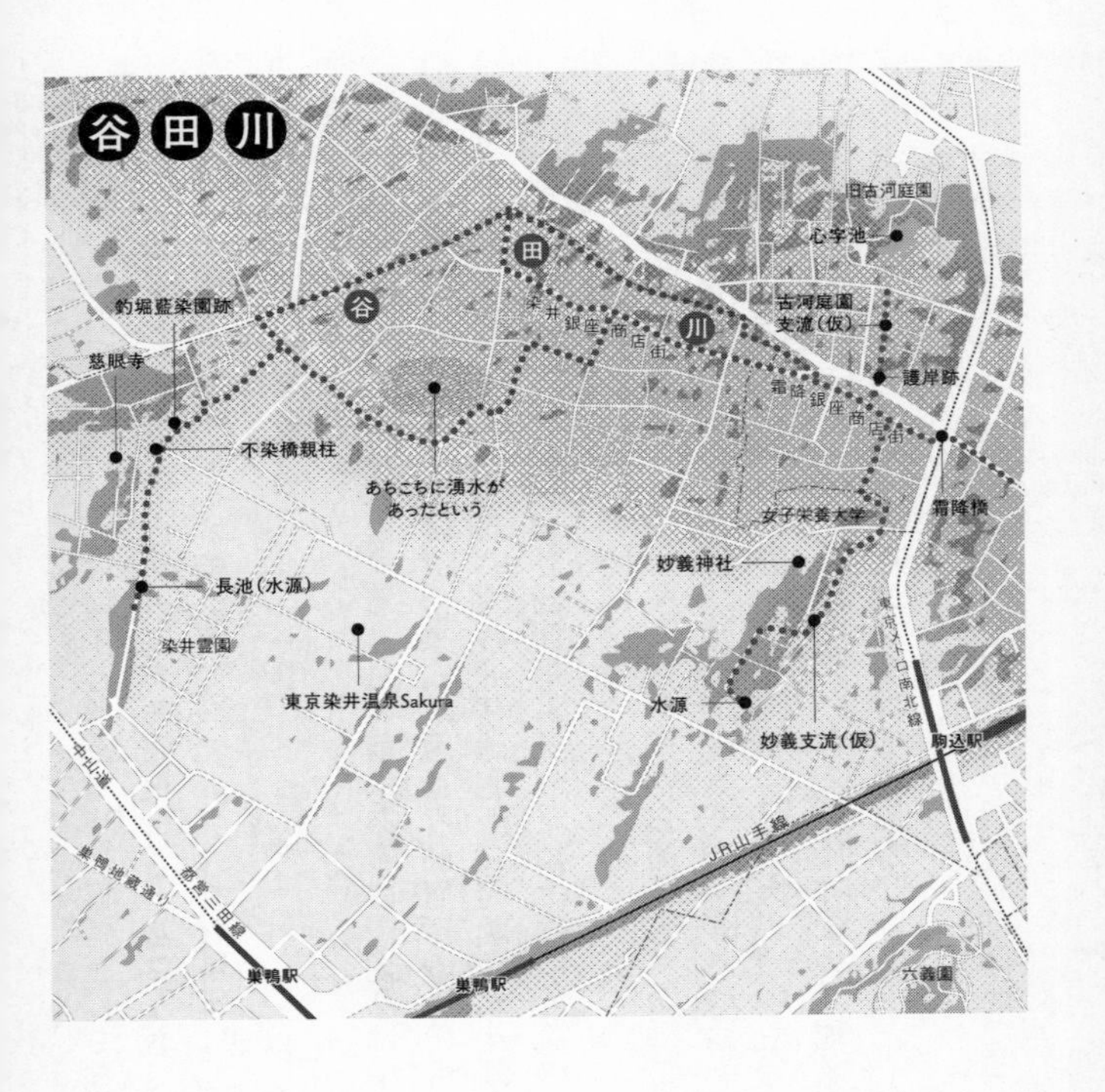
谷田川
谷
田
川
旧古河庭園
心字池
古河庭園
支流（仮）
護岸跡
染井銀座商店街
霜降銀座商店街
釣堀藍染園跡
慈眼寺
不染橋親柱
あちこちに湧水が
あったという
女子栄養大学
霜降橋
妙義神社
長池（水源）
染井霊園
東京染井温泉Sakura
水源
妙義支流（仮）
東京メトロ南北線
駒込駅
中山道
巣鴨地蔵通り
都営三田線
JR山手線
巣鴨駅
巣鴨駅
六義園

る青果市場の敷地も含めて、江戸時代には巣鴨御薬園という薬草の栽培地であった。さらに、御薬園の下流側には園芸の名所が広がっていた。本郷台地のキワにある斜面は陽当たりが良く、豊富な湧水に優れた土壌と、植物にとって好条件の揃った土地であり、サクラだけではなくツツジ等さまざまな植物が植わっていた。湧水を利用した池や湯の滝などを備えた数々の庭園が戦前まであり、おでんやお煮しめまで提供されたという。この地の風景が、さぞ通行人の目を楽しませたであろうことが想像できる。

現在その名残は、霊園のサクラくらいになってしまった（実は民家に湧水の池はあるが）。しかし、このひっそりとした墓地こそが、暗渠愛好者にとってはたいへん重要な場所なのだ。

墓地内に、明らかに低く、湿り気のある場所がある。長池という池の跡だ。この池からかつて、谷田川という小川がさらさらと流れ出していた。そして前述のような湧水たちも合わせ、不忍池まで流れていた。中下流部である谷根千のほうでは藍染川と呼ばれる、人気

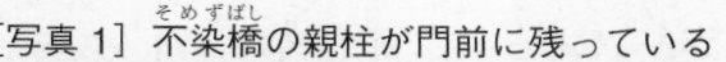
[写真1] 不染橋の親柱が門前に残っている

の高い暗渠である。

染井霊園から出て谷田川の流路を歩いているとまもなく、慈眼寺の前の地面に石が刺さっていることに気づく。「不染橋」と書いてある、1916（大正5）年製の橋の親柱だ［前頁　写真1］。谷田川に架けられていた橋が、地中から出てきたものだ。実はこの数メートル後ろに、同じ親柱らしきものが同じ傾きで刺さっていることを知る人はそれほどいないだろう……と、思いながら写真を撮りに再訪したところ、なんとウラにあったはずの親柱がオモテのものと並び置かれているではないか。

ウラも見に行き、心の中で「ワンペア」と呟くことを楽しみとしていた自分としては、少しだけ気を削がれた感じ。けれど、橋跡のウラもオモテも大切に保存するための措置だと考えると、これほどありがたいことはない。さらに、住職さんと話していたら、もう1本の親柱もあることが判明した。埋められてもなお、川は存在を主張するのだ。

それでは、さらさらと谷田川を下ってゆこう。

染井銀座商店街と区境の道

長池の先、墓地の脇の道を抜けると住宅街の間の道となる。その先、サクラの形に桜色のタイルが配置された明るい商店街に出くわす。染井銀座商店街だ。このあたり

［写真 2］ 人通りの絶えない染井銀座商店街と、人の通らない区境みち

はかつて田んぼばかりであったが、拓けてゆくにつれ水も汚れ、この位置の谷田川は他所より少し早めの、1932〜35（昭和7〜10）年頃に暗渠化されている。ここから谷田川暗渠を下ろうとするならば、道は二通りある。蛇行する広めの道である商店街ルートと、ウラにひっそりと走る豊島区と北区との区境の道［前頁　写真2］。さて、商店街を行くか、区境を行くか。

まずは区境を行けば、染井と名のついたアパートや、井戸のようなものが出現する。基本的に狭い道であり、猫には逢うが、人とすれ違ったことはない。横に延びる路地には、300円のカレーを提供する家庭料理の店があってそそられる（2024年現在、300円カレーの看板はなくなっている）が、どうも開店時間に通ることがない。左岸側が高くなり、苔むしている。大通りに合流しそうになるが、すぐに逸れて細道をカクカクと曲がる。さすが区境かつ暗渠、それらしい空間が連なっているものだ。

ウラオモテ、などと書いたが、どちらがオモテでどちらがウラか、というのは、やはり簡単には決めることができない、と思う。もしかすると暗渠愛好者には、こちらの道のほうが「オモテ」感があるかもしれない。

商店街も歩いてみよう。同じ水が流れていたにもかかわらず、まったく異なる雰囲気だ。染井銀座商店街は緩く蛇行し、魚の代わりに人がたくさん歩いている。道幅が広いのは、この道の一部が川だったからである。

地元の人の記憶に残る谷田川は、角材と板材の底をチョロチョロと流れるドブ川であったという。現在は、良い匂いを漂わせる中華屋に客が並び、ほとりに住む人が猫を抱いてベンチに座る。人ごみのできている魚屋の店頭にはドジョウの入ったバケツがあり、ここで私はいつも、食べもののほうに逸らされていた気を、川の記憶のほうに戻すのだ。

いつの間にか先ほど歩いていたはずの区境が谷田川暗渠を逸れ、商店街を横断して南に向かってゆく。それに合わせ、商店街は霜降(しもふり)銀座商店街に切り替わる。道幅が狭くなり、店の密度が上がる。そして霜降橋の手前でぷっつりと商店街が終わる。複数あった谷田川の流れは、この霜降橋のあたりで一つになるといわれている。

旧古河庭園とその排水路

今、歩いてきた霜降銀座商店街から谷田川左岸側に目をやると、旧古河庭園がある。バラで有名なこの庭園は、いわゆる名所であろう。訪れたことのある人も多いのではないか。この庭園は、もともとは明治の初め頃に陸奥宗光が構えた別邸であり、江戸の大名屋敷ではない。古河家へ譲渡され、拡張と改修の後、わずかな期間ではあるが本宅とされていた。戦後は大蔵省の所管となり、地元の強い要望から1956（昭和31）年に有料庭園として公開されるようになる。

私は最近まで訪れたことがなかった。しかし、ある日ここの池水が谷田川に注いでいたことを知ると、猛烈に行きたくなり、あまり時間のないなか、池だけを見に行った。

ジョサイア・コンドルの設計による〝洋風から和風への漸次移行〟を味わう余裕もなく〝洋〟をすっ飛ばして一目散に坂道を下り、池を目指す。谷田川への傾斜を巧みに利用した庭園なので、この坂も川により削られた崖をベースにしている。約300坪もあるという、目指す心字池(しんじいけ)が見えてきた。東京大学にある三四郎池同様、この庭のために掘られた人工池であり、残土で南側に丘が盛られている。池へと注ぐ水路もあって、そこには立派な滝があるが、井戸水ポンプアップでの補給だそうだ。ただし池自体には、今もわずかに湧水があるともいう。見たいのは、この池の流末だ。

旧古河庭園の、隅っこ中の隅っこにやってきた。ここまで来る人などあるのだろうか。そこに向かって池から開渠が流れ出し、裏門の少し手前で流れは終わっていた。

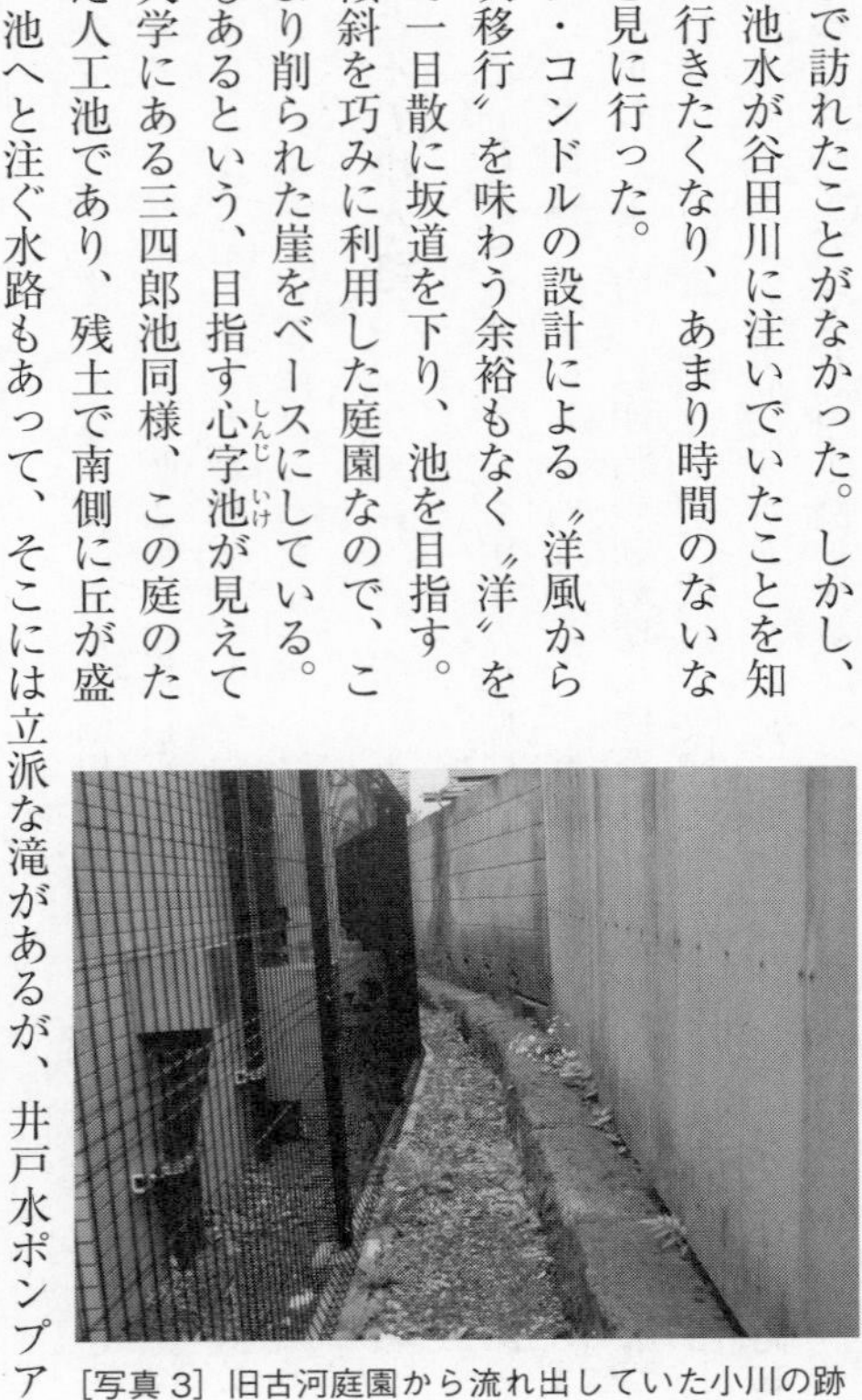

[写真3] 旧古河庭園から流れ出していた小川の跡

敷地の排水はすべて、車道に沿った下水に吸収されて、裏門から谷田川に流れている、とのことである。私はこの先も追いたいのだ。そそくさと庭園を去り、裏門の外側を舐めるように味わうことにしよう。

庭園の外側は、まったくただの住宅街だった。壁から延びてゆくどこかが、谷田川への排水ルートになっているはずだが、表にその痕跡は見えてこない。この道か、それともこの道かと縦に延びる道を何本か歩くが、どこも暗渠の匂いがいまひとつ足りない。

家に戻り、古い地図を確かめるなどしながら、しばらく考えていた。すると、今はもう住宅に呑まれてしまった場所に、排水路が載っている資料があった。実は、現代でも住宅地図を見ると一目瞭然、宅地の合間に不自然な隙間があったのだった。そこに行ってみると、民家の敷地には入れないものの、1カ所だけ入ることのできる空間が残っており、そこにはなんと、立派な大谷石の護岸が残っていた［写真3］。わずか数メートルではあるが、いかにも暗渠らしい、いかにも絶景である。お向かいはクリーニング店で、その向こうに谷田川本流が待っている。この旧古河庭園の排水暗渠は、谷田川支流の中でも上位にランクインする上物であり、名所であると思う。なんとも清々しい気持ちで、本流暗渠に戻ることとする。

妙義神社と眼前の谷底

今度は霜降銀座商店街の南西に行こう。女子栄養大学の背後、くっきりとした岬状の地形には妙義神社がそびえ立っている。祭神は日本武尊であり、東征の際、ここに陣営を構えたといわれている。また、江戸城を築城したことで有名な太田道灌が詣でたという伝説も残っている。そのいかにも強そうな、妙義神社のサクラもまた、とても見ごたえがある。ここのサクラを目当てに遠方から来る人がいるかどうかは知らないが、少なくとも近所の人びとはよく通っており、多くの人に愛でられているサクラであろう。

そして、この妙義神社の眼下に広がるは、谷田川支流の暗渠が眠る谷底である。といっても、谷地形であるという以外にはほとんど川の痕跡はない、住宅の間のただの道。下ってゆけば、曲がり角に実に美しく苔むした石垣があり、またその先の流路脇には、昔からの銭湯らしい外観の亀の湯があった（2024年現在、妙義神社のサクラは改築とともに消え、亀の湯は廃業してしまった）。

この支流の水源は、谷の付け根で湧いていた水と、そのさらに先にあった津藩藤堂家下屋敷の下水といわれている。藤堂家の敷地はかなり広く、古地図を参照すると、染井霊園の隣から六義園の手前までの一帯であった。尾根に建つ広い広い大名屋敷は、いかにも「オモテ」の風情である。

実は現在、この藤堂家のお屋敷跡地の一部に入ることができるのだ。東京染井温泉Sakuraという温泉設備であり、日帰り入浴ができ、ソメイヨシノの里に湧く天然温泉を売りにしている。一度入ってみたが、なかなか強烈な岩盤浴でたっぷりと汗を流し、ビールを飲むのは格別であった。藤堂家の屋敷の庭園を利用したわけではないようだが、その跡地であると思いながら和風庭園を見、現在は下水管を通してではあるものの、谷田川の方向に落とされていく排水を思い描きながら、ここの温泉に浸かることは、頭も身体も非常に満足するように思うのである。

立派な神社にサクラ、そして広大な大名屋敷。しかしその谷間に挟まれた、あるいはその下水が流された川の跡にも心がときめくのであった。

染井銀座商店街、霜降銀座商店街、駒込銀座、田端銀座、谷田川通りによみせ通りと、谷田川暗渠は延々と賑やかな商店街を駆け抜けていく。庭園に神社、大名屋敷跡など、いわゆる名所や良い景観の場所もたくさん携えている。一方そのかたわらで、誰も通らない傍流や、わずかな護岸の残る支流、ただの道と化した谷底なども、川の記憶を黙って伝えようとしてくれる。

どちらがオモテで、どちらがウラか？……どちらもオモテで、どちらもウラなのではないだろうか。

〔参考文献〕
川添登『東京の原風景』ちくま学芸文庫、1993年
北村信正『旧古河庭園』東京都公園協会、1981年
清水龍光『水――江戸・東京「水」の記録』西田書店、1999年
横山恵美「豊島区の湧き水をたずねて」(豊島区立郷土資料館編『生活と文化 紀要第11号』所収) 2001年
豊島区立豊島図書館編『豊島風土記』1971年

暗渠的名所としての「暗渠サイン」

髙山英男

暗渠と銭湯との関係

暗渠を歩くようになって、気になることが出てきた。なぜか「銭湯」ばかりが目につくのである。銭湯は嫌いではないので自然に気づくだけなのか。それとも煙突や軀体(たい)が大きいから目立つだけなのか。いつだったか新聞で「都内で減り続ける銭湯」みたいな記事を読んだ記憶がある。それなのに銭湯、多すぎやしないか。

ある日、試みに、手元にあった「東京銭湯 お遍路ＭＡＰ」を参考に、品川用水（江戸時代に玉川上水からの分水を受けて武蔵野市、世田谷区を通り、大田区・品川区周辺の村に水を配給していた人工の水路で、現在はほとんどが道路に転用されている）の流路跡に銭湯の位置をプロットしてみたところ、驚愕の事実が浮かび上がった。水路沿いにある銭湯の、なんと多いことか。この時、私の脳内地図に「銭湯ネットワーク」ができあがった。それは既存の暗渠ネットワークとぴったり重なりあい、新たなレイヤーができたような感覚があって、非常に興奮したのを憶えている。

付近の区ごとでカウントしてみると、世田谷区では同資料に載っていた48軒の銭湯のうち半分の24軒が、目黒区では18軒中11軒がなんらかの川沿い、暗渠沿いに位置していた。関係ないなんて言わせない絶対！　そんな数字である。

「暗渠サイン」を体系化する

思い返せば、銭湯以外にもそんな「暗渠でよく出会う」物件はたくさんある。クリーニング店、豆腐店、氷室、金魚店、プール、バスターミナル、ゴルフ練習場、井戸、などなど。

こうした物件を、暗渠の存在を示唆

初めにやってみたのは、「品川用水の流路跡にどれくらい銭湯があるか」。川跡と銭湯の関係に気づいてテンションMAXに
※2015年現在、すでに廃業している銭湯もある

する「暗渠サイン」と呼ぶことにしよう。ただし、サインによっては、非常に相関性の強いものもあれば、「まあ暗渠に関係なく他でもよく見るわな」といったユルいものまで、その「確からしさ」にはバラつきがあるようにも思える。

そこで、「そこに川があった」「暗渠がある」という確からしさを「暗渠指数」として、その高低（あくまで私のこれまでの経験上であり、いわば「当社比」だが）で並べ、カテゴライズしたのが、「暗渠サインランキングチャート」（79頁）だ。厳密に物件数などをカウントして割り出したわけではないので、一つの仮説として受け止めていただきたい。とはいえ、この一覧は、街角で暗渠を見つける際のツールとして十分機能するはずである。これらを使って川筋を推し測り、暗渠を見つけて歩くことは、東京全体をフィールドにした壮大なパズルを自分の頭と足で解いていくような興奮があるはずだ。

では、「暗渠サインランキングチャート」の主なものを上から紹介していこう。

1　橋跡や水門、水車跡、護岸
――最もわかりやすい「川の名残」は一級名所

橋は、川があったからこそ存在する。水門、水車、護岸も同じく、川があったからこそある（あった）ものだ。すなわち、これらは最も確実な暗渠サインである。そこでこれらを最も暗渠指数が高いところに位置づけた。これらを都内で見つけられるのは稀（まれ）であり、まさに「暗渠的名所」中の名所といえよう。出会ったら迷わず遠慮せず、己のSNSアカウントで即刻発信するがよい、といったレベルである。

「橋跡」や「護岸」はあまり邪魔にならないためか、今でも比較的多く見られるが、かさばる「水門」などが残っているのは稀で、さらに大規模物件である「水車」となると都内ではほとんど見ることはできない。その代わり、その大きさや役割から歴史的価値は広く認められているようで、実物は残っていなくとも、地域の文献や古地図に記載されている場合が多くあるので、丹念に追いかけてみることをお勧めする。

また、橋が撤去された後も、橋全体の象徴ともいえる親柱だけはどこか別の場所に移設されるケースもあるので、注意が必要だろう。橋の名前が刻まれる親柱は、橋のパーツのなかでも格別に大切にされており、「江戸時代、親柱の上に乗る擬宝珠（ぎぼし）に人々が願掛けをしていた」といった記録が残っていたりする。それだけに、移設してでも保存しよう、という動きがあるのであろう。例えば、霊窟「お穴」で有名な文京区の澤蔵司（たくぞうす）稲荷は、付近に川の形跡はまったくないにもかかわらず、なぜか「ふじば

左図の作成にあたっては、namaさん、えいはちさん、俊六さん、Holiveさん、川俣晶さん、猫またぎさん、味噌maxさん、hikadaさん、ろっちさんのご協力をいただきました。

さまざまな「暗渠サイン」を確からしさ順に並べた
「暗渠サインランキングチャート」

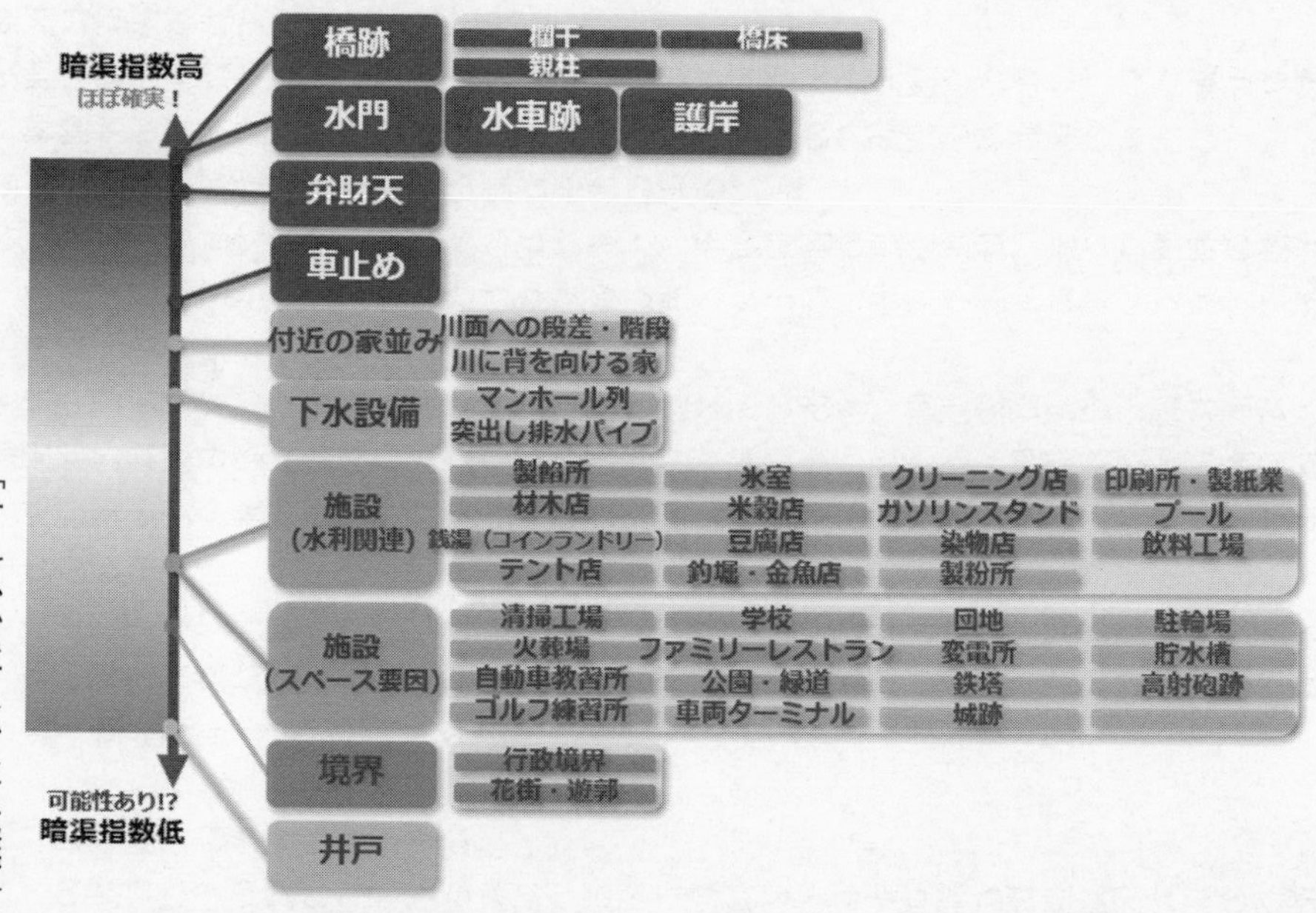

し」の親柱がその境内に保存されている。これは2・5キロ離れた豊島区大塚の谷端川に架かっていたものだそうだ。

2　車止め——個性豊かな名所

次に暗渠指数が高いのは「車止め」であろう。暗渠は川を埋め、蓋をした状態であることが多く、重量の大きな車両が乗り入れないよう「車止め」を置いているケースをよく見かける。

歩行者の安全確保や防犯防災など、さまざまな理由で設置されるので、「車止め＝暗渠」とは限らないが、これまで都内を歩いた経験上、かなり「暗渠指数」は高いはずだ。それだけに、これも間違いなく立派な名所であり、暗渠愛好者を一瞬にしてハイにさせる重要な暗渠サインとなっている。

この車止めをさらに名所たらしめているポイントは、時代や場所によって素材や形のバリエーションが愉しめるところだろう。その個性の豊かさは、まるで昭和の観光地の土産物屋に並ぶペナントや通行手形のようだ。

管轄する自治体によって特徴的なものもあり、その代表例が杉並区の車止めで、金太郎が描かれたプレートが備えつけられている。なぜ金太郎なのか？　いつかぜひ杉並区に直接尋ねてみたい。

渋谷川の支流の支流、初台川に残る橋の欄干。通る人の何人が「ここに川があった」と思うだろうか

善福寺川の支流で見つけた杉並名物「金太郎」。後ろには美しい蓋暗渠がすらりと続いている

三鷹市、神田川につながる支流暗渠。皆が背を向けるうらぶれ感を、暗渠が一手に受け入れている

3　付近の家並み・下水設備——川の残り香漂う名所

次いで「暗渠指数」が高いのは、「付近の家並み」であろう。川があった頃にその沿岸に建てられた家並みは、今でも静かに水辺を主張している。その状況証拠越しに、残り香を嗅ぐように川を感じ、暗渠が眺められるところは、まさに暗渠的名所の一つだ。

例えば、川があった頃に建てられた家々は、川に「そっぽを向いて」建っている。当然、玄関は川と反対側に造ることになる。その結果、川がなくなった現在でも、沿岸の家々にとって暗渠側は「裏側」の存在のままなのだ。

このような「そっぽを向いた」暗渠には、えもいわれぬ寂寥感が漂っている。家の裏口に川と家との高低差を補うための数段の階段が架けられているようなケースもあり、これも立派な状況証拠の一つといえる。

そして、チャート上、これらに近いところに位置づけているのは「下水設備」だ。現在は地下で下水道として第二の人生（川生）を送っている川も多く、密集するマンホールや家々から突き出す排水パイプなどは、その川の化身としての下水道の存在を示唆するものでもある。そんな場所を見つけたら、ぜひ耳を澄ませてみてほしい。マンホールから川のせせらぎが遠く微かに、そしてたしかに響いてくるはずだ。目と耳で暗渠的名所を愉しんでみよう。

4　さまざまな施設——名所かも⁉　水に縁がありそうなサイン

冒頭で触れた銭湯の他にも、多くの暗渠サインとなる施設を挙げることができる。それらを「水利関連」「スペース要因」に分類して述べていきたい。

このあたりの暗渠指数では「これがあれば絶対にそばに暗渠がある」というレベルではなく、「他でも見ることができるが、暗渠を歩くと目にすることが多い」という位置づけであることは改めて申し上げておく。その意味では前述の暗渠サインたちよりも「名所度」はいささか低くなるかと思う。

① 水利関連

まずは基本的に大量の排水を流す路が必要なため、川のそばに建てられた施設で、銭湯もこの分類に入る。プール、釣堀・金魚店（養魚店）、クリーニング店、豆腐店、氷室、印刷所・製紙工場、ラムネなどの飲料工場などもそうだ。

ガソリンスタンドもこのカテゴリーに入れているが、こちらは排水ではなく排「電」で、電気を逃がすほうだ。ガソリンスタンド建設には、敷地の土壌に静電気など、火災の引き金となる電気が一定以上留まらないよう、電気の逃がしやすさを担保するためのアース工事が必要だが、土中の水分含有が多いほうが、工事がしやすくなるという。

いっぽう川を使って材木を運ぶ、水車を回して精米・製粉する、川で反物を洗って染めるなどなど、川をビジネスインフラに使っていたと推測できる施設もこの分類だ。材木店、米穀店、製粉所、テント店、染物店などがこれにあたる。

このうち、テント店には「?」となる読者も多いと察するが、なぜか、暗渠沿いでテント店を見ることが多い。これは仮説だが、おそらくもともと旗など大きな反物を扱う染物店が業態を変化させた結果、現代のテント店に至っているのでは、と考えている。

②　スペース要因

バスターミナルのような「ある程度の広大な敷地を必要とする施設」である。湿り気が多い川の流域は開発が後回しにされがちで、高度成長期以降でも川のそばであれば、まとまった土地が確保しやすかったのではないだろうか。

他に、団地、駐輪場、自動車教習所、公園、学校、ファミリーレストラン、戦時中の高射砲台跡、変電所、鉄塔、貯水槽や防火水槽、ゴルフ練習場などが挙げられる。

③　その他の名所候補

「暗渠指数」はさらに低くなるが、その他、「井戸」「境界」「寺社」なども暗渠サインとして位置づけることができる。

「井戸」はもちろん尾根でも掘られているであろうが、川のある谷底では地下水脈にアクセスしやすいエリアも多いようだ。また暗渠沿いでは比較的「昔のままの景色」が残っていることが多いので、目にする機会が多いのかもしれない。

「境界」については第3章で触れるが、昔から川はその幅の大小によらず物理的に左岸と右岸を分かつものであった。川が消えた今も、区境や町境など行政境界の一部として名残を留めているものも多い。さらに川は物理的な要因に加えてウチとソト、ハレとケなど「概念上での境界」をもつくってきたのではないだろうか。それを裏づけ

板橋区、百々女木（すずめき）川沿いにある井戸。井戸に備えつけられたポンプは、「サンタイガー」「ドラゴン」などのブランドが刻印されており、それを見て歩くのも楽しい

るかのように、かつての遊郭・吉原や洲崎などを見ると、外（日常）と内（非日常）を分かつように周囲に堀が設けられている。

最後に「寺社」であるが、その敷地内に湧水を持っていたり、境内を川が流れていたりというケースもよく見る。これは、寺社が大切な水という利権を握ることで、周辺共同体からの求心力を高めようとした結果なのではないかと私は推測している。

また、寺社のなかでも「厳島（いつくしま）神社」「市杵島（いちきしま）神社」など、水の神様である弁財天を祀る寺社は別格で、弁天様があればどこかに必ず水の匂いがするはずだ。なので「弁財天」は独自のカテゴリーとしてくくり、一級景勝地としてチャートのかなり上のほうに位置づけておいた。

［参考文献］

草隆社編『東京銭湯　お遍路ＭＡＰ』２００７年
千代田区立日比谷図書文化館文化財事務室編『平成26年度文化財特別展　千代田の坂と橋――江戸・東京の地形』２０１５年

COLUMN 2
暗渠フィールドワーク便利帳

髙山英男

暗渠を楽しむには現地調査、すなわちフィールドワークが欠かせない。もちろん気が向いた時にふらっと訪れるのも粋だが、あらかじめ計画を立てて現地に行く時は、次のようなものを準備するといいのではないか、と経験上思うのである。

・**地図**　事前に暗渠っぽい道など仮説を書き込んで予習しておくとなおよし。一貫して使える「マイ暗渠地図」があるとさらによし。

・**地図アプリ**　特に過去の地図を現在と対比して見ることができるアプリ「東京時層地図」は暗渠マニア必携。「今昔マップ」ウェブもおすすめ。またスマホやタブレットのGPS機能を使えば、迷子の心配も激減。

・**筆記用具**　現地の方に思わぬ情報を聴ける時もあり、現場は至るところに情報が溢れている。気づいたことは即行メモ。

・**カメラ**　もちろんスマホカメラでもＯＫ。見た暗渠は当然画像情報として記録。何にでもシャッターを押してメモ代わりにすることも。
・**虫除けと虫刺され薬**　暗渠は蚊が多いので、夏だけでなく春から秋まで必携。私は毎年ＧＷ頃に無防備で暗渠に入ってしまっては「刺され初め」の洗礼を受けている。
・**バインダー**　写真を撮るかたわら地図を参照し、資料を眺めつつメモを取って……暗渠歩きの時は何しろ手元がとっちらかりがちだが、そんな時に役立つのがバインダー。資料を束ねておけるし、メモを取るのもラクで、まるで小型の移動式デスクのよう。バインダーを小脇に抱えて歩いていると、なんとなく「付近を仕事で調査している自治体の人」っぽい雰囲気が出て、怪しさも半減できる（気がしている）。

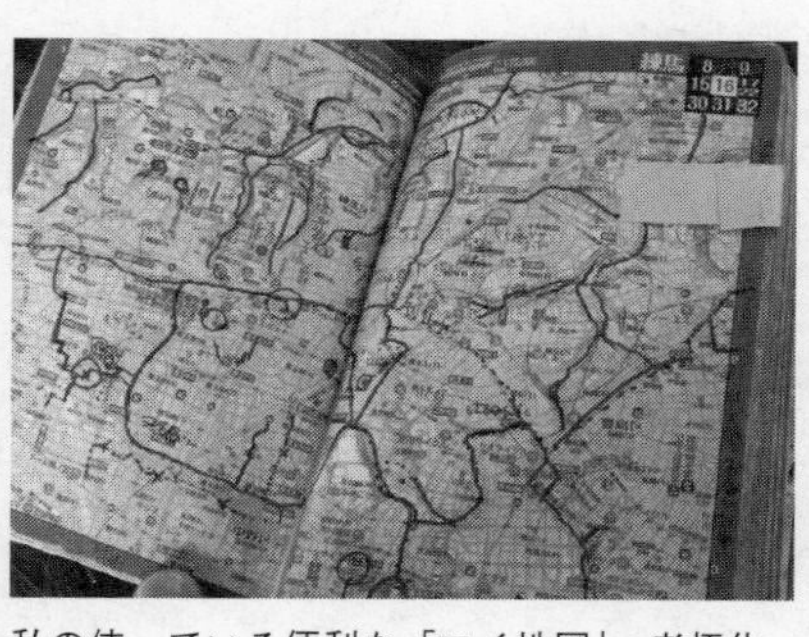

私の使っている便利な「マイ地図」。老朽化著しいのでそろそろ新品に取り換えたいのだが、書き込んだ暗渠を転記するのが面倒臭すぎて躊躇している

　これらに加えて、夏は熱中症対策、冬は防寒対策をお忘れなきよう。暗渠歩きに夢中になると数時間なんてすぐ経ってしまうものだ。

　また、装備はともかく、暗渠フィールドワ

ークに臨む「態度」も重要である。誰も通らない暗渠をのぞき込んで写真を撮ったりする趣味は、周辺住民から見れば、はっきり言って不審者である。そんな地域の不安を少しでも減らせるよう、出会った住民の方にはせめてこちらから率先して明るく元気に「こんにちは！」の挨拶ができるようでありたい。もちろんできるだけきちんとした身なりをすることは最低条件である。

暗渠は公共の土地であることが多いが、だからといってどこでもずけずけと入っていっていいというわけではなかろう。後々見に来る暗渠マニアのためにも、現場でのトラブルは避けたいものだ。そこに暮らす人々のプライバシーを尊重し、「可能であれば見せていただく」くらいの気持ちでいたい。大人数で「暗渠ツアー」などを敢行する時は、なおさらである。

こちらとあちら、
世界を二つに
分かつ川。
世界は、自己から他者を区別することでできあがる。
土地に水で線を引き、ソトとウチを作り出す川は、世界の創始者といえるのかもしれない。水が消えてもなお、同化と排除の真ん中に暗渠は横たわり、世界を作り続けている。
［世田谷区 東急大井町線下の丸子川の支流］

第3章
境界と暗渠

遊郭や城を囲む境界としての暗渠

吉原・洲崎・牛込　吉村 生

水路は、ある世界の内外を隔て、「分かつもの」として存在することがある。その水路が埋められ、暗渠となる時、水路により隔てられていた境界の多くは道となり、「渡らせない」ということで機能していた最も直接的な境界性は失われることとなる。

現在、なんの気なしに歩いている街並みでも、実はあちこちに、そういった「特別な境界の跡」を感じられる場所がある。ここでは、水路の力でその内外をより強固に分ける必要があったものたちと、その水路の現在を見ていきたい。

遊郭の境界・吉原

内外を隔てる必要性があった世界の筆頭として、遊郭が挙げられる。遊女が逃げぬように、それから、訪れる客に異界へ来た高揚感を持たせるように、遊郭を囲む水路には意味があった。実際そのような目的で、吉原には「おはぐろどぶ」と呼ばれる黒々とした水路が、四辺に張り巡らされていた。なお、吉原というと、日本橋人形町付近の元吉原と浅草付近の新吉原があるが、ここでは新吉原のことを吉原と呼び、扱っていきたい。

もともと台東区千束近辺は江戸初期まで湿地帯であり、多くの池が点在していた。明暦の大火（1657年）後、その一部を埋め立て、焼けた吉原遊郭が移転してくる。遊郭造成の際に池の一部が端に残り、いつしか池畔に弁天祠が祀られ、弁天池や花園池と呼ばれた。

吉原の形状は長方形で、おはぐろどぶも同様に四角く巡らされており、9カ所に跳ね橋が架けられていたが、通常は上げられていたため、大門しか出入りには使えなかったという。大門に続く道は、3回曲がって郭内部に向かっていく。その曲がった道は衣紋坂、あるいは五十間通りと呼ばれる坂だったが、今は傾斜はなく、道のかただけが昔のままである。

現在、おはぐろどぶ跡に行ってみると、意外にも細めの道である。遊女が逃げぬよう、と書いたが、これではちょっと運動神経の良い遊女なら飛び越えられるような幅ではないか。実は、吉原のおはぐろどぶは、最初は5間（約9メートル）もあったものが、近代になり2間（約3・6メートル）に狭められたということだ。

おはぐろどぶは戦後埋められてしまい、現在暗渠サインに乏しいが、わずかに、おはぐろどぶの痕跡ではないかとされる石垣がある。戦後しばらくは、もっとあちこち

おはぐろどぶ跡と推測される石垣

におはぐろどぶの石積みが残っていたという。

しかしそれよりも、この地ではその高低差がどぶ跡の存在を教えてくれる。郭内部に比べ、おはぐろどぶより外は低くなっている。前述の衣紋坂は、外側の低地から内側の高まりへと上る坂だったのだ。地形図を見ると、吉原内部がまるで島のように、ぷっくりと高くなっていることがわかるだろう。

湿地帯に土を盛り、その上にきらびやかな建物と着飾った遊女を並べた地。その周囲はぐるりと壁に囲われ、水路が走り、淀み、黒々としたそのどぶは、外の世界に行くことを固く阻んでいる……。そんな情景を、この地形から思い浮かべることができるかのようだ。

遊郭の境界・洲崎

他の遊郭はどうだっただろうかと、洲崎遊郭跡（現・江東区東陽1丁目）にも行ってみた。

近くにある洲崎神社は浮弁天といわれ、海中の島に祀られていたそうだ。今は海までは遠く感じるが、かつて洲崎は海際であり、津波に何度も遭った地で、そういえば永井荷風の『濹東綺譚』にも少しその記述がある。

もともと洲崎は海際どころか、根津遊郭の移転先のために、海を埋め立てて造成された土地なのであった。明治期、政府が根津遊郭に入り浸る東大生を憂え、キャンパスを移すか遊郭をつぶすかというほどの問題となり、結果、遊郭が追い出されたという、どこまでが本当かわからぬ逸話がある。石川島の囚人を使って海を埋め立て、1888（明治21）年6月30日、造成済みの洲崎に向かって遊郭関係者が一斉に土埃（つちぼこり）を上げて引っ越していったという。吉原の火事移転話以上に、随所に凄みを感じるエピソードである。

当時、四角形の敷地の外側のうち、3方向が川で、南端だけが海だった。洲崎神社の先には今も大横川南支川があり、弁天橋が架けられている。大横川南支川は遊郭を囲む水路のうちの1本で、前述のおはぐろどぶと同じような機能をもつ。その後も埋められずに、今も小舟などが走っている様子。大横川南支川に架かる弁天橋から洲崎の大門を目指して歩いていくと、右手に護岸が現れる。その護岸の内側は、洲崎川の埋められた跡だ。洲崎川も、遊郭を囲む水路のうちの北端の1本であった。現在は洲崎川緑道になっている。

開業時、妓楼は片側に集中し、残りは草がぼうぼうの原っぱ。しかも埋立地なので水が湧かず、飲料水は毎朝水売りから買ったそうだ。そんな場所が次第に洲崎遊郭として栄えたのち、赤線地帯の洲崎パラダイスとなる。訪れる人は、一歩入れば、若尾文子や京マチ子のような女たちが迎えてくれるんじゃないか、といった気持ちになったのだそうだ。

しかしやがて、洲崎パラダイスは廃業する。売春防止法により赤線が廃止された1958（昭和33）年の廃業前夜、お祭り騒ぎと思いきや、街はしんとしていた。既に店を閉めているところも随分あった。

そんなふうに、創業期とは対照的に、ひっそりとパラダイスの灯は消えたのだった。東京石川島造船所を中心とした軍需工場の寮になっていた時期もあるというが、今は住宅と企業があるのみで、特徴のない穏やかな街並みである。有名なカフェー建築は残念ながら、撤去されたり、正面が造り替えられるなどして、おおむね姿を消している。

否、街並みは平凡だが、その境界部分に洲崎の特徴はある。周囲の水路を意識しながら歩いてみると、護岸が気になってくる。黒ずんだコンクリートの塀がちらりちらりと見え、暗黙に圧迫されている気がしてくるのだ。

郭の南端には汐浜運河が通っているが、以前はここに海が広がっていた。続けて郭の東端に来ると、団地が見えてくる。明治期には三業病院があった場所だ（三業とは料亭・待合・置屋の三業の営業が許可されているエリアを指し、基本的に花街と同義だが、遊郭を指す場合もある）。東端には塀だけが残っているが、その塀がまた刑務所の如き

［上］1947（昭和22）年には水路と海に囲まれていた
［下］1963（昭和38）年には、かつて海だった南側の埋め立てが進んでいる（ともに国土地理院提供）

高さで、以前は上にガラスの破片が埋め込まれていたそうだ。

空から洲崎を見てみると、明治期、洲崎遊郭の周囲はぐるりと水面がある。1963（昭和38）年の航空写真（前頁）では、洲崎川はまだあるが、南側の海はずいぶん埋め立てられている。洲崎川の埋立時期は1975（昭和50）年頃といわれる。もともと海だった場所を埋め立てて生まれた川なので、ここに水路としての洲崎川が存在していた時期は短く、ほんの数十年間、ということになる。

吉原と洲崎の違い

ここで、吉原と洲崎との比較をしてみたい。

どちらもが、遊郭おなじみの造りであるため、地図の上では二つの街は双子の如き長方形をしている（大門前の道の交差する角度も心なしか似ている）。けれど、実際に降り立ってみると、この二つの街はあまりにも違う。ソープランドが建ち並び、脈々と土地の歴史が受け継がれる濃い街・吉原と、カフェー建築がほぼ消え、淡々とした道と住宅街が広がる没個性化の進む街・洲崎。そういった雰囲気の違いは、地図からはわからないことだろう。

さらなる違いは、その閉塞感である。吉原は前述の如く、周囲のほうが低くなっている。一方、洲崎は、周囲のほうが高い。同じく、水辺を埋め立てて造った場所であ

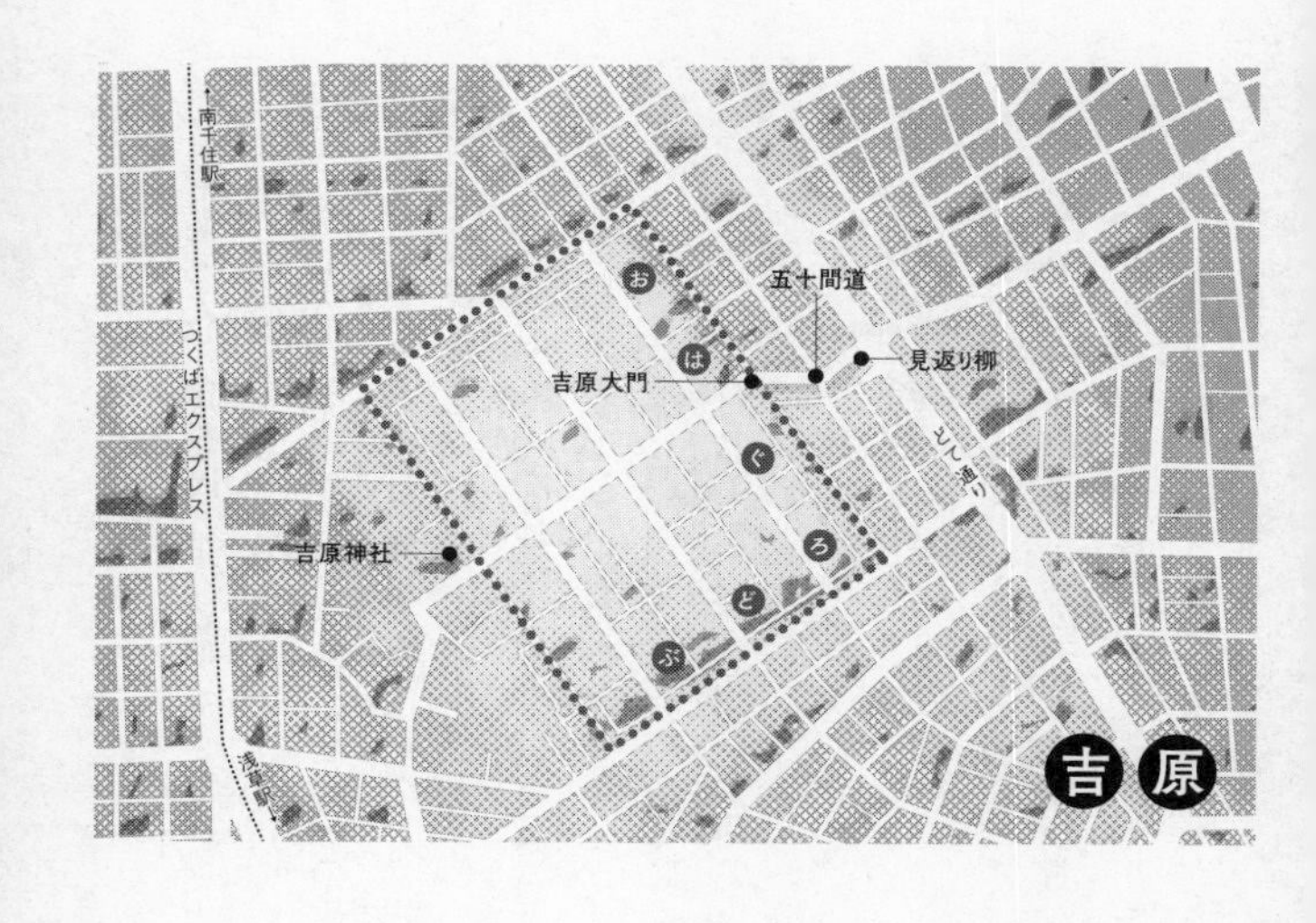

南千住駅
つくばエクスプレス
お
は
ぐ
ろ
ど
ぶ
五十間道
見返り柳
吉原大門
とて通り
吉原神社
浅草駅
吉原

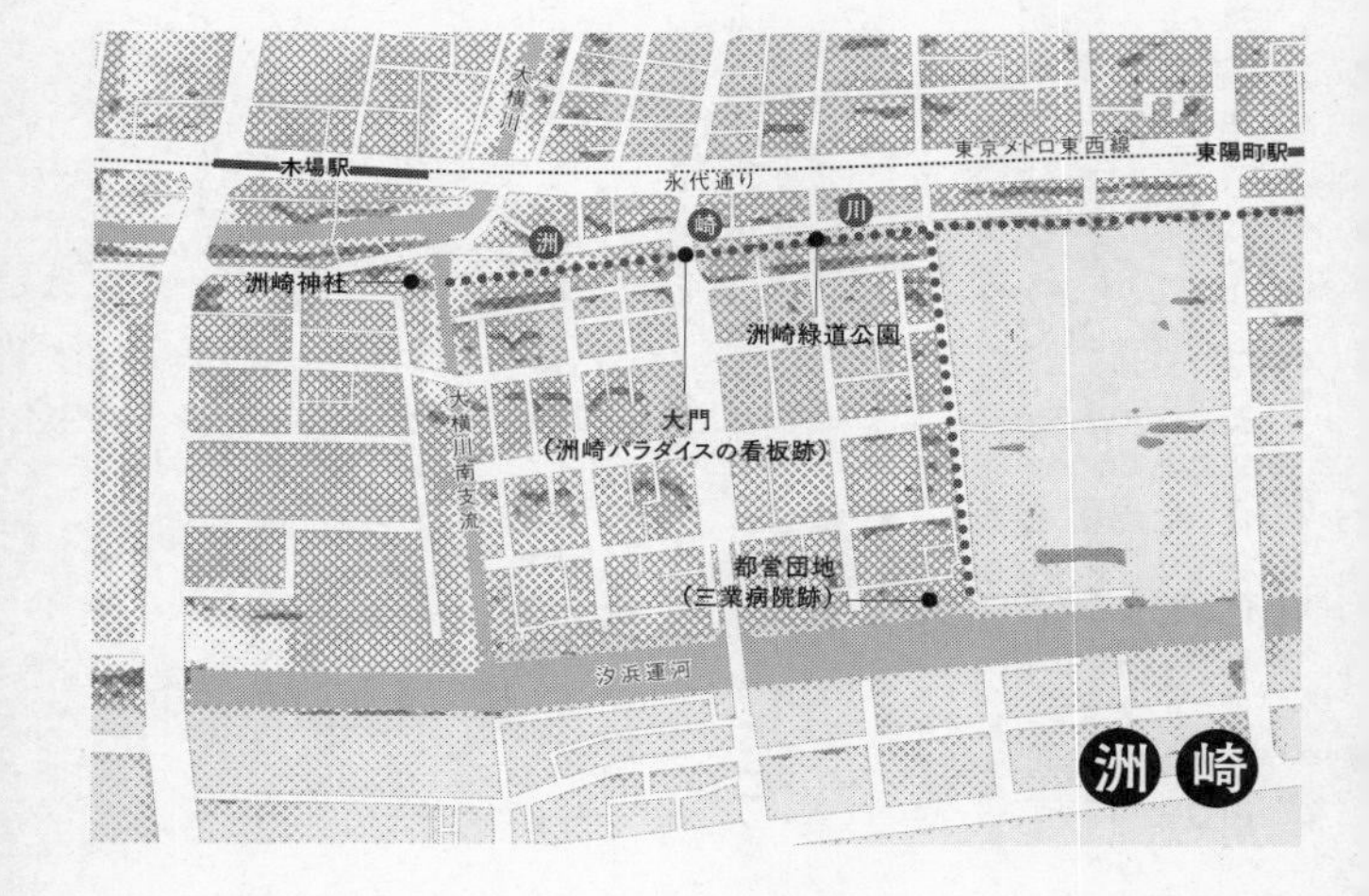

大横川
東京メトロ東西線
木場駅
東陽町駅
永代通り
洲
崎
川
洲崎神社
洲崎緑道公園
大横川南支流
大門
(洲崎パラダイスの看板跡)
都営団地
(三業病院跡)
汐浜運河
洲崎

るのに、である。

もちろん、遊郭時代の吉原も、高い塀とその先の水路という条件は等しいといえる。しかし洲崎の場合、同じく高い塀を持つのであるが、その向こうは海なのである。どこに向かって歩いても、コンクリートの頑丈な壁がこちらを圧迫する。土地の高低差がそれを煽る。嗚呼逃げられないのだなあ、と、現代の街並みを歩いていてさえも、そう感じたのだった。

遊郭跡にてそんな体験を、今でも三次元的にできる場所は稀ではないだろうか。吉原のおはぐろどぶには湿地の水や排水が流れていたのに対し、洲崎には海水が流れていた。同じ「水」が隔てた世界であるにもかかわらず、その境界の持つ「強さ」の違い。水路に着目して色町跡を歩いてみると、こんなふうに街の個性が見えてくることがある。

中世の城の境界・牛込

暗渠の調べものをしていると時折、そこにあった川がかつて城の濠の役割を果たしていた、という記述を目にすることがある。城にとっても、境界を保つことは非常に大切である。特に中世の城は、周囲の川をよくまあ巧みに使うものだと感心する。そして、その濠に利用されている「川」たちのほうに、どうしても関心が行く。渋谷川

取り上げてみたい。

沿いや桃園川沿いにも中世の城と暗渠が絡む面白い場所があるが、ここでは牛込城を取り上げてみたい。

神楽坂の近くにある、幻といわれるこの中世の城も、周囲の自然河川を時には少し手を加えつつも、上手に使っていたようだ。牛込城を取り囲むお濠たちは、どんな面々だったろうか。中世のものなので居館中心の素朴な建物ではあるが、頭上に城があったという視点で、濠としての暗渠を歩いてみたいと思う。牛込城の規模や位置などについては確定が難しいそうだが、一応最も有力な説として、牛込城本丸の位置は今の光照寺一帯と推測されている。

まずは北側の濠。城の北側に位置する谷は、牛込を流れる神田川支流、牛込川ものである。流路は、ほぼ大久保通りと重なっている。それも、城のあたりはちょうど谷が深く、崖がきつい。南蔵院の本堂前にかつて弁天池があり、牛込川とはそこから流れ出る川だったようだ。弁天堂があり、前の坂に「弁天坂」なる名がついていることからすると、なかなか大きい池だったのかもしれない。ただし痕跡はない。谷はもっと西まで延びるので、別の水源もあったかもしれない。

西側の濠はというと、短い谷が地形図上には認められる。しかし、この谷に道はなく、家々の隙間になっているわけでもない。神楽坂近辺の地割は複雑で、西濠の谷を確かめるためには、遠い回り道をしながら進まねばならないが、道路の真ん中にはたしかに深い谷が認められる。昔は南町あたりを水源とし、南蔵院の池に注いでいた沢があったという。そして、その沢を濠としていたと推測する人もいるが、今や、流路のみならず水源も住宅街に埋もれてしまい、よくわからない。

そして、今の沢に対してやや西にずれた位置にある谷は、紅葉川の砂土原(さどはら)町支流（仮）と勝手に呼んでいるものだ。一部わずかに開渠が認められる、感動的な川跡である。ここも西濠の可能性があるという。

南側は紅葉川の谷で、今は外堀通りになっている。中世の頃は、外堀通り周辺は沼地だったそうだ。その上には、急崖だ。外堀通りを歩いていると北西に見える崖の険しさは、城の防衛に役立っていたと思うと、感じ方がまた少し異なるような気がする。

東の濠は、紅葉川の熱海湯支流（仮）にあたる。昭和のはじめ、道沿いに小川があり、水量も豊富だったという。この熱海湯支流（仮）は、熱海湯［次頁写真］の前を通り、東京理科大学の石垣の脇を流れてゆく。その風景たるやまるでお城の濠のよう、と喜びかけてしまうのだが、牛込城には石垣はほとんどなかったといわれている。

今、牛込城の本丸周辺は閑静な住宅街だが、それよりやや低い土地に、大きなビルをいくつも持っているのが東京理科大学だ。実は理科大の敷地には櫓(やぐら)などがあったかもしれないといわれ、城の敷地とも重なっている。今日、外濠から見上げると、大学のビル群がまるでお城のようにこの地に陣取っているように見えなくもない。そして

神楽坂にある昔ながらの銭湯、熱海湯。この前の道路の一部に、かつて小川が流れていた

たくさんの学生たちが、城下町を闊歩(かっぽ)する。

水路と地形と境界たち

二つの遊郭と一つの城という事例を見てきた。いずれも、敷地を水路により囲われていた。また、その掘割はもともとあった地形や水路をある程度利用していた。現在、その水路たちは元来の役目を終え、おおむね道路になっている。しかし、どの地にも「外」との明確な高低差があり、地形を見れば、「内」の空間を浮かび上がらせることができる。つまり、現地でそれぞれの「キワ」を歩けば、たとえ水路がなくても、おそらくその境界性を今も味わうことができるのだ。できれば実際に現地を訪れ、吉原と洲崎の壮絶なる哀歓を、牛込城の謎に満ちた世界を、自らの足元を通して味わってみてほしい。

［参考文献］
上村敏彦『花街・色街・艶な街　色街編』街と暮らし社、２００８年
岡崎柾男『洲崎遊廓物語』青蛙房、１９８８年
江東区教育委員会編『おはなし江東区　川と橋の話』１９９２年
『季刊 Collegio（コレジオ）』第20号（「東京戦災白地図」から、洲崎弁天町）２００７年

新宿区『新宿区史　第１巻』１９９８年
新宿区教育委員会編『紅葉堀遺跡――地下鉄有楽町線飯田橋駅出入口工事に伴う緊急発掘調査報告書』１９９０年
新宿区郷土研究会『神楽坂界隈――新宿区郷土研究会二十周年記念号』１９９７年
菅原健二編著『川跡からたどる江戸・東京案内』洋泉社、２０１１年
杉浦康『消えた大江戸の川と橋――江戸切絵図探索』小学館スクウェア、２００８年
田中正大『東京の公園と原地形』けやき出版、２００５年
『東京人』２００７年3月号（特集 江戸吉原）都市出版
都市環境研究所『水辺のまちの形成史　４００年』１９８８年
三谷一馬『江戸吉原図聚』中公文庫、１９９２年
森まゆみ『不思議の町・根津――ひっそりした都市空間』ちくま文庫、１９９７年

データで探る「区境としての暗渠」の全体像　髙山英男

必要以上の「ぐねぐね境界」に注目

市境、区境といった行政上の境界も「暗渠サイン」の一つである。開渠の川は、物理的に水という障害物をもって、あちらとこちらを区切る。実際、川が県境や市境、区境などに使われている例はあちこちに見ることができる。さらに、川が暗渠化されてなお「境目機能」だけは残り、今も暗渠上に境界線が重なっているケースも多く見られる。

ある日、東京都の地図をじろじろと眺めまわしていたら、その境界線の複雑さに、思わず目が釘付けになってしまった場所があった。

必要以上にぐねぐねとした境界があったなら、「もしや、ここは暗渠かも？」と疑ってみるべきだ。そんな「ぐねぐね行政区分にある暗渠」の例を二つほど紹介しよう。

一つ目は、東京都足立区と埼玉県川口市（旧鳩ヶ谷市）との県境である。

北に毛長川、南に新芝川があり、その間に複雑に走る県境。このあたりは標高が低く、高低差もあまりないエリアで、しかももともと水田が多かったところである。もしかするとこれは、二つの河川を結ぶ用水路か何かの跡で、それがそのまま県境となったのかもしれない。

妄想を膨らませつつ、さっそく現地を訪ねてみたところ、果たして、足立区入谷９丁目19番に見られる「なんだかワケありそうなでっぱり」のところから、暗渠がはっきりと姿を現していた。

こんなあからさまな物件が見つかると、これにつながる前後の「それっぽい」歩道も、自信を持って暗渠だと断定ができるものだ。この先の区間、いくつもの「名所」を経て、新芝川へと合流するまで県境の暗渠は続く。

そして二つ目は、ＪＲ総武線新小岩駅の近く、江戸川区と葛飾区の区境だ。見事なぐねぐねを見せる区境境界線。これが中川と小松川境川親水公園を結んでいる点にも注目だ。小松川境川親水公園は、川跡を緑道親水公園に整備した暗渠であり、まさに両区の区境に位置している。さすが「境川」、看板に偽りなしだ。

大きな期待を胸に、これまたすぐさま現地に向かってみると、果たして。住宅の裏や隙間に暗渠が残っているではないか。やはりここもかつての水田のための用水路が区境として機能していたようだ。

足立区入谷と川口市八幡木を分かつ境界。道路や住宅ブロックさえ無視したこのジグザグはいったい……

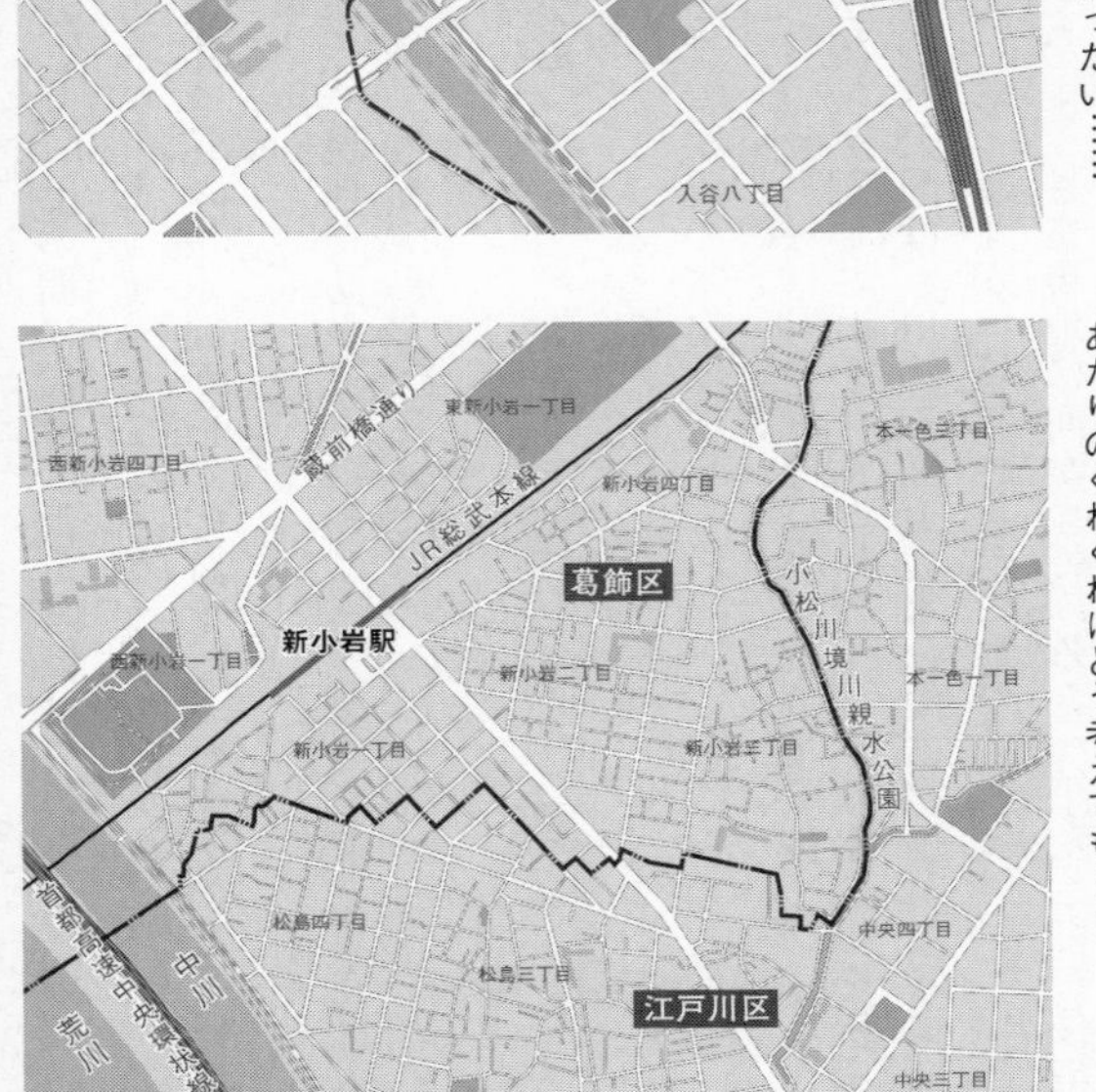

まんなかへんの直角屈曲が多いあたりはまあ見過ごしてやってもいいが、左のほうの中川につながっているあたりのぐねぐねはどう考えても……

東京23区の区境と暗渠

さて、そんな具体例を挙げるうち、むらむらと東京23区の「境界としての暗渠」の全体像が探りたくなり、現在の区境に川や暗渠がどう関与しているかを調べることにした。

まず手始めに、それぞれの区境における川の本数を数えてみることにした。川の支流も可能な限り分ける方針で行ったが、それらの精度については私自身の知見不足もあり、小さな暗渠などを絶対に見過ごしているはずである。どうか現段階の試作ということで、ご容赦いただきたい。

長時間ずーっと地図とにらめっこ、という実につらく愉しい作業の結果、23区の区境となっている川を全部で111本（うち開渠39本、暗渠72本）をカウントした（113頁参照）。

開渠・暗渠をひっくるめた「総合部門」で、区境として最も多く採用されているのは「神田川」。八つの区で区境となっている。2位が「荒川」「隅田川」で七つ。誰もが知っているメジャー級の開渠河川が軒並み登場し、やはりこれらは東京を代表する川なのだと再認識させられる。

一方の「暗渠部門」では、「三田用水」「千川上水」が最も多く五つの区で区境となっている。次いで「三田用水白金村分水」「藍染川」「玉川上水」が四つ。上位5本のうち4本を人工開削の用水・上水が占める。これら人工水路は、より遠くに水を運ぶべく選び抜かれたルートを通っていることを考えると、妙に説得力のあるランキングである。

さらに区ごとに状況を見ていくと、区境に最も多く川（暗渠含む）が登場するのは葛飾区で17本。2位が杉並区、足立区で15本。以下4位は世田谷区の14本、5位に千代田区、新宿区、中野区、江戸川区の13本と続いている（116頁参照）。

しかし、暗渠に限った本数ランキングになると、この順位は大きく変動する。総本数2位の足立区は最下位23位に急降下、9位に入っていた墨田区も17位に落ちる一方、もともと上位の杉並区、世田谷区に加え、品川区、目黒区、豊島区などが顔を出す。足立区や墨田区はたしかに開渠が多く、水辺の豊かなところだが、山の手エリア以西だってかつては水に囲まれていたのだ。

葛飾区は手堅く両方で上位につけている。大小の開渠河川が多く、同時に都市化によって暗渠化されたかつての農業用水も豊富であるため、この位置を確保したようだ。

だが、これらの数字をもとに、川区境における暗渠の本数の比率（暗渠本数シェア）を出してみると、葛飾区のランクはぐっと下がり18位へ。上位は予想どおり目黒区、豊島区、渋谷区、杉並区、世田谷区、品川区と城西エリアの区が独占している。

開渠

開渠	千代田	中央	港	新宿	文京	台東	墨田	江東	品川	目黒	大田	世田谷	渋谷	中野	杉並	豊島	北	荒川	板橋	練馬	足立	葛飾	江戸川	計
1 神田川	●	●		●	●	●								●	●	●								8
2 荒川							●	●									●		●		●	●	●	7
3 隅田川		●				●	●	●									●	●			●			7
4 旧中川							●	●															●	3
5 市谷濠	●			●																				2
6 新見附濠	●			●																				2
7 牛込濠	●			●																				2
8 弁慶濠	●		●																					2
9 日本橋川	●	●																						2
10 春海運河		●						●																2
11 天王洲運河			●						●															2
12 善福寺川														●	●									2
13 江古田川														●						●				2
14 妙正寺川				●										●										2
15 北十間川							●	●																2
16 横十間川							●	●																2
17 大横川							●	●																2
18 旧綾瀬川							●														●			2
19 勝島南運河									●		●													2
20 呑川										●	●													2
21 多摩川											●	●												2
22 丸子川の下流支											●	●												2
23 白子川																			●	●				2
24 綾瀬川																					●	●		2
25 江戸川																						●	●	2
26 裏門堰親水水路																					●	●		2
27 古川			●										●											2
28 新河岸川																	●		●					2
29 中川																					●	●		2
30 見沼代用水																					●			1
31 三味線堀																					●			1
32 毛長川																					●			1
33 伝右川																					●			1
34 垳川																					●			1
35 芝川																					●			1
36 新芝川																					●			1
37 大場川																						●		1
38 小合溜																						●		1
39 旧江戸川																							●	1
開渠本数	6	4	3	5	1	2	7	7	2	1	4	2	1	4	2	1	3	1	3	2	13	7	4	39

暗渠

暗渠	千代田	中央	港	新宿	文京	台東	墨田	江東	品川	目黒	大田	世田谷	渋谷	中野	杉並	豊島	北	荒川	板橋	練馬	足立	葛飾	江戸川	計
1 三田用水			●						●	●		●	●											5
2 千川上水															●	●	●		●	●				5
3 三田用水白金村分水			●						●	●			●											4
4 藍染川					●	●										●	●							4
5 玉川上水				●								●	●		●									4
6 汐留川	●	●	●																					3
7 谷端川																●	●		●					3
8 和泉川大原笹塚区境支流（仮）												●	●		●									3
9 品川用水									●	●		●												3
10 音無川						●												●						2
11 烏山川												●			●									2
12 北沢川												●			●									2
13 龍閑川	●	●																						2
14 浜町川	●	●																						2
15 外堀川	●	●																						2
16 溜池	●		●																					2
17 真田濠	●			●																				2
18 飯田濠	●			●																				2
19 笄川			●										●											2
20 いもり川			●										●											2
21 千川上水葛が谷分水				●												●								2
22 渋谷川				●									●											2
23 和泉川				●									●											2
24 妙正寺川上高田支流				●										●										2
25 妙正寺川上桜ヶ池支流				●										●										2
26 弦巻川					●											●								2
27 思川						●												●						2
28 藍染川蛍沢支流（仮）						●												●						2
29 竪川							●	●																2
30 斉藤堀							●	●																2
31 五間堀							●	●																2
32 大森貝塚川（仮）									●		●													2
33 内川西大井支流（仮）									●		●													2
34 八幡川									●		●													2
35 立会川厳島支流（仮）									●	●														2
36 矢の川									●	●														2

暗渠	千代田	中央	港	新宿	文京	台東	墨田	江東	品川	目黒	大田	世田谷	渋谷	中野	杉並	豊島	北	荒川	板橋	練馬	足立	葛飾	江戸川	計
37 羅漢寺川									●	●														2
38 九品仏川										●		●												2
39 立会川原町支流（仮）										●	●													2
40 六郷用水の支流											●	●												2
41 丸子川蓬莱公園支流(仮)											●	●												2
42 多摩川せせらぎ公園支流（仮）											●	●												2
43 呑川駒沢支流										●		●												2
44 小沢川蛇窪支流（仮）														●	●									2
45 神田川方南南台区境支流（仮）														●	●									2
46 桃園川旧支流														●	●									2
47 桃園川たかはら副支流（仮）														●	●									2
48 桃園川西町天神支流(仮)														●	●									2
49 妙正寺川本村用水路（仮）														●	●									2
50 井草川井草1丁目支流（仮）														●	●									2
51 千川上水区境分水(仮)															●					●				2
52 中丸川																●			●					2
53 エンガ堀																●			●	●				3
54 藍染川妙義支流（仮）																●	●							2
55 古隅田川																					●	●		2
56 小岩用水親水さくらかいどう分水(仮)																						●	●	2
57 鎌倉4丁目用水（仮）																						●	●	2
58 シタックス用水（仮）																						●	●	2
59 新小岩西用水（仮）																						●	●	2
60 小岩用水																						●	●	2
61 東井堀																						●	●	2
62 仲井堀																						●	●	2
63 小松川境川																						●	●	2
64 小松川境川松島用水(仮)																						●	●	2
65 水窪川					●											●								2
66 六間堀							●	●																2
67 白子川兎月園支流（仮）																			●	●				2
68 音無川の支流																	●	●						2
69 大泉堀																				●				1
70 白子川旭町2丁目支流（仮）																				●				1
71 六郷用水の岩戸からの支流												●												1
72 入谷県境用水（仮）																					●			1
暗渠本数	7	4	6	8	3	4	4	4	9	9	7	12	8	9	13	9	5	4	5	6	2	10	9	72
合計本数	**13**	**8**	**9**	**13**	**4**	**6**	**11**	**11**	**11**	**10**	**11**	**14**	**9**	**13**	**15**	**10**	**8**	**5**	**8**	**8**	**15**	**17**	**13**	**111**

※暗渠と開渠両方の状態となる川は、目測で区境区間の長いほうに分類した
※渋谷川と古川は同一の川だが、適用する区間が別々であったため、それぞれ別にカウントした
※新宿御苑内の区境は、現在の池の位置と区境の位置が必ずしも同じでないので暗渠扱いとした
※（仮）とは仮称で、筆者が便宜上つけたもの
［参考文献］菅原健二『川の地図辞典』ほか

区境になっている川の合計本数		
1	葛飾	17
2	杉並	15
2	足立	15
4	世田谷	14
5	千代田	13
5	新宿	13
5	中野	13
5	江戸川	13
9	墨田	11
9	江東	11
9	品川	11
9	大田	11
13	目黒	10
13	豊島	10
15	港	9
15	渋谷	9
17	中央	8
17	北	8
17	板橋	8
17	練馬	8
21	台東	6
22	荒川	5
23	文京	4

左のうち暗渠の本数		
1	杉並	13
2	世田谷	12
3	葛飾	10
4	品川	9
4	目黒	9
4	中野	9
4	豊島	9
4	江戸川	9
9	新宿	8
9	渋谷	8
11	千代田	7
11	大田	7
13	港	6
13	練馬	6
15	北	5
15	板橋	5
17	中央	4
17	台東	4
17	墨田	4
17	江東	4
17	荒川	4
22	文京	3
23	足立	2

川区境での暗渠本数シェア		
1	目黒	90.0%
1	豊島	90.0%
3	渋谷	88.9%
4	杉並	86.7%
5	世田谷	85.7%
6	品川	81.8%
7	荒川	80.0%
8	文京	75.0%
8	練馬	75.0%
10	中野	69.2%
10	江戸川	69.2%
12	港	66.7%
12	台東	66.7%
14	大田	63.6%
15	北	62.5%
15	板橋	62.5%
17	新宿	61.5%
18	葛飾	58.8%
19	千代田	53.8%
20	中央	50.0%
21	墨田	36.4%
21	江東	36.4%
23	足立	13.3%

ここまではあくまで「本数」による結果だが、「長さ的にはどうなんだ？」という疑問が湧いてくるかもしれない。例えば、世田谷区は14本中、開渠は多摩川など２本だが、この区境分は７キロ強の長さがある。もし他の12本の暗渠を足しても数百メートルの長さしかなければ、区境における暗渠の存在など、語るに足らぬであろう。そこで「川区境での暗渠本数シェア」上位５区について「川区境に対する暗渠長さシェア」（ウェブ上の距離測定ツールを使った概算）をとってみた。

川区境の長さによる比較

	目黒	豊島	渋谷	杉並	世田谷
区境の長さ（km）	29.0	28.0	**23.5**	34.0	56.0
「川区境」の長さ（km）	6.1	8.5	**6.5**	7.6	14.0
うち 開渠の長さ（km）	0.4	2.2	**0.1**	1.8	7.6
うち 暗渠の長さ（km）	5.7	6.3	**6.4**	5.8	6.4
全区境に対する「川区境」長さシェア	21.0%	30.5%	**27.4%**	22.3%	25.0%
「川区境」に対する暗渠長さシェア	93.4%	74.2%	**98.4%**	76.2%	45.7%

※新宿御苑内の区境は池の配置と区境が必ずしも重ならないため暗渠とカウントした。

この「決勝戦」で見事１位となったのは渋谷区で、その比率はなんと98・４パーセント。川区境で開渠となっているのは、古川の天現寺橋下流、わずか１００メートルほどだけなのだ。この１００メートルさえなければ、川区境のすべてが暗渠だったかと思うと、暗渠好きとしてはなんとも悔しさを禁じ得ない。渋谷区は、もう暗渠を堂々と観光資源として売り出してよいのではないだろうか。

目黒区の「川区境に対する暗渠長さシェア」も約93パーセントと高い数字になっている。この開渠部分も、東急大井町線緑が丘駅の南側で顔を出す呑川のおよそ400メートル区間だけである。杉並区、豊島区も川区境での開渠区間は神田川などの一部だけなので、7割台という結果になっている。

区境と公園と暗渠

最後に、「川区境を抱えた公園」についても述べておこう。

区境だけでなく、ひょろ長い公園も「暗渠サイン」の一つである。暗渠化によって「地面」となった水面を有効活用するための処方で、いわば、「川の生まれ変わり公園」である。ゆえに公園も区境も暗渠好きには「はっ!」とする存在なのだが、東京を見渡すと、「敷地に川由来の区境を抱えている公園」という、まるで「アジフライとハンバーグ定食豚汁付き」的な物件が何件か存在する。ここでは比較的古いルーツを持つものを取り上げてみたい。

①新宿御苑（新宿区と渋谷区の区境）
1590（天正18）年に内藤家が拝領し、庭園を築いたのがルーツ。1872（明

①新宿御苑（新宿区と渋谷区の区境）

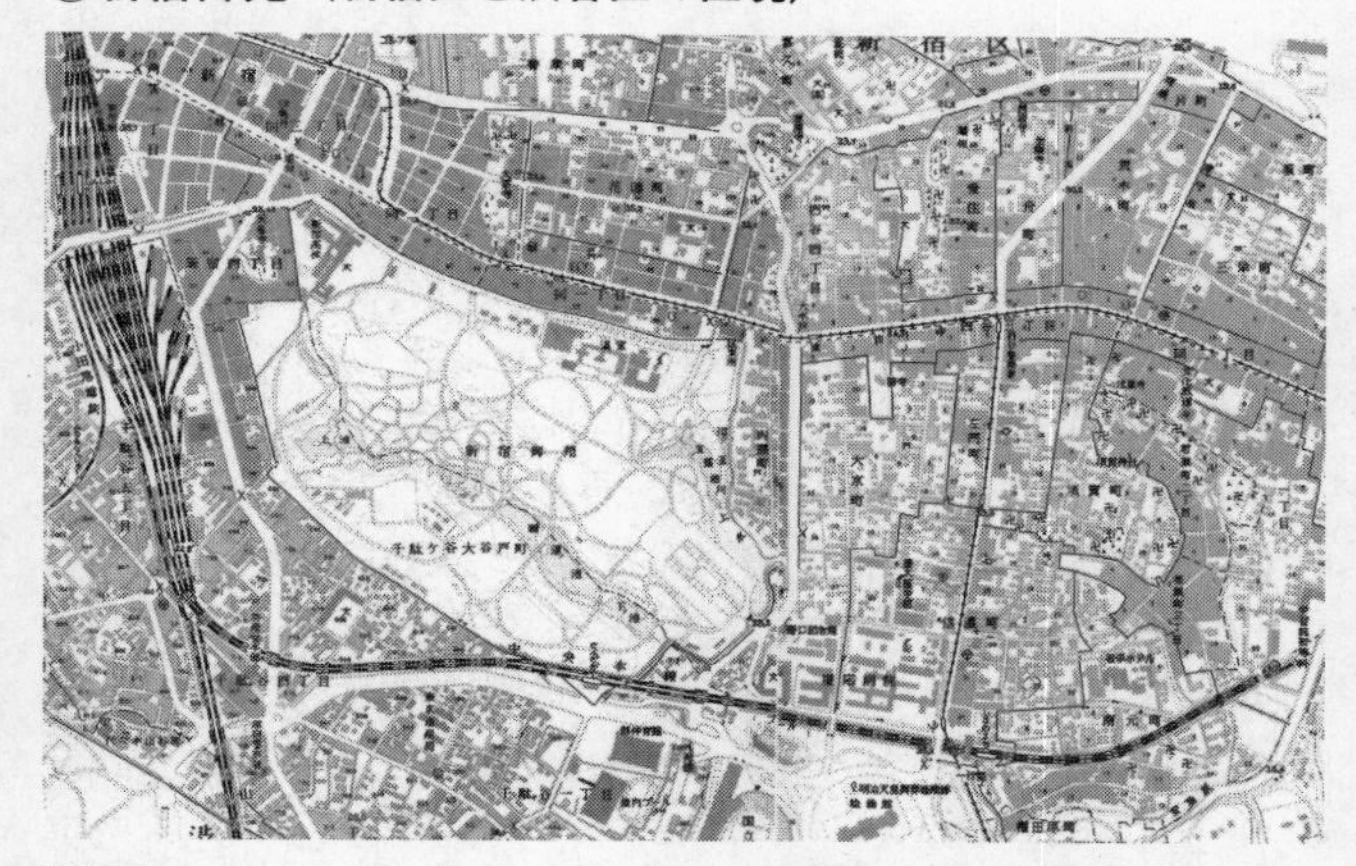

［地図］1956〜1958（昭和31〜33）年一般開放後の新宿御苑近辺（『明治前期・昭和前期 東京都市地図2 東京北部』「新宿」より）

②駒沢オリンピック公園（目黒区と世田谷区の区境）

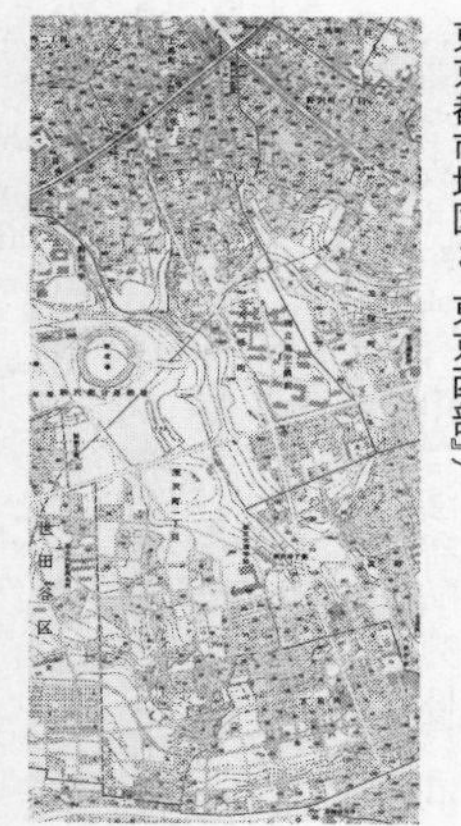

［地図］1955（昭和30）年の駒沢オリンピック公園近辺。ここ一帯がかつてゴルフ場だった（「世田谷・自由が丘」より『明治前期・昭和前期 東京都市地図3 東京西部』）

治5）年に政府に上納され、牧畜園芸の試験場の役割を負いつつ、1879（明治12）年宮内省所管の「新宿植物御苑」となり、1906（明治39）年に「新宿御苑」として開園。広い芝生があるため、大正期にはゴルフ場としても使われたという。

戦後、1949（昭和24）年「国民公園新宿御苑」となってから一般にも開放され、今に至る。区境上には渋谷川があり、水源であるすぐ横の天龍寺からつながる公園内の大小の池が、その流路の名残を示している。公園を抜けた渋谷川は渋谷駅方面に向かって下っていく。

②駒沢オリンピック公園（目黒区と世田谷区の区境）

1913（大正2）年創設の、東京ゴルフ倶楽部がルーツ。その後、1940（昭和15）年の「幻の」東京オリンピックに向けて運動場として整備され、1953（昭和28）年には東急（東映）フライヤーズの本拠地となる駒澤野球場も完成。1964（昭和39）年の東京オリンピックで4種の競技に使われ、同年暮れに開園。区境上には呑川の駒沢支流が、駒澤大学につながる湿地から谷戸づたいに流れている。

③林試の森公園（目黒区と品川区の区境）

1900（明治33）年、西ケ原にあった樹木試験所がこの地に移転し「目黒試験苗（びょう）

圃」として発足したのがルーツ。その後、同施設は「林業試験所」「林業試験場」と名を変え、1978（昭和53）年に現在のつくば市に移転。その跡地に1989（平成元）年、都立公園として開園した。

厳密には前の二つと違い、区境となる川が敷地を貫くのではなく、貫通後に公園のキワをつたう羅漢寺川（目黒川に注ぐ短い川）に区境が重ねられている。

その他、「川区境」を抱える公園としては、④「明治公園」（渋谷区・新宿区間を渋谷川が流れる）、⑤「浮間公園」（板橋区・北区間を元荒川が流れた）、⑥「大島小松川公園」（江東区・江戸川区間を旧中川が流れる）などがある。

先に暗渠サインとしての「川の生まれ変わり公園」の話をしたが、これらは、もともとそこにある「川とともに生まれ変わった公園」である。川と関係が深いことは同じだが、暗渠サイ

③林試の森公園
（目黒区と品川区の区境）

［地図］1909（明治42）年の林業試験所付近。試験場の北のキワを羅漢寺川がつたう（『明治前期・昭和前期 東京都市地図3 東京南部』「渋谷・品川」より）

ンとしての公園とは川との関係性が違っている。

また、①と②は、ともに「ゴルフコース」として使われた時期があるという符合も興味深い。ゴルフをやらない私が言うのもなんだが、ゴルフとは起伏や水面、植生など変化に富む地面を相手に進路を練る、地形との戯れである。コースをデザインするにあたり、「川」の存在は非常に重要なピースであったはずだ。だからこそ今も公園としてその景色が残されているのだろう。

これらのうち、①、⑤は池として、⑥はそのまま川として、今も水をたたえているが、その他の水面は既に消滅している。

［初出］
「暗渠マニア　23区の区境と川、暗渠データ帖」
「公園の中　公園を走る区境、その正体は」
（ともに『東京人』２０１５年５月号）に加筆修正

COLUMN 3 やってみました、暗渠アンケート

髙山英男

今はネット上でも簡単にアンケート調査が可能な時代！　いろいろ制限はあるものの、無料で「おためしアンケート」が作成できるサービスなども登場している。さっそくこれを使って小規模ながら「暗渠に関するアンケート」をやってみた。

回答期間は平成26年6月から8月までのおよそ3カ月間。アンケートサイトのURLを、私の個人ブログ「東京Peeling!（現「毎日暗活！暗渠ハンター」）」記事内にアップし、目にした方が任意でアンケートサイトにて回答する仕組みとした。この告知は、ブログおよびフェイスブック、ツイッター（現X）の個人アカウントにて行い、合計88名の回答を得ることができた。

回答者は、もともと私のブログに来てくれている方々およびブログ記事を通過した方々なので、暗渠好きが多く含まれる大変濃ぃぃサンプルとなっているはずである。

なお、アンケートシステムは、マクロミル社の「Questant」というサービスを使わ

せていただいた。

最初にフェイスデータからご紹介すると、男女比は7対3で男性が多く、年齢は20代以下が10パーセント足らず、30代が30パーセント、40代が35パーセント、50代が25パーセントという、比較的高めの年齢構成であった。全体の4分の3を東京在住者が占める。念のため、冒頭で「暗渠という言葉を知っていたか」を問うたところ、97・7パーセントが「YES」と回答した。本編ではその他数問のクエスチョンを用意したのだが、ここでは、その中の2問について結果をご紹介しよう。

第1章で暗渠の「三つの愉しみ方」について触れたが、この三つのうち、果たしてどれが最もウケるのだろうか。そんな思いから、まずは暗渠の魅力として「水源やゆくえ（ネットワーク）」「歴史」「暗渠そのもの（景色）」の三項目を挙げ、最も興味を抱くものを尋ねてみた。

最も人気が高かったのは「水源やゆくえ」であった。私自身は迷わず「暗渠そのもの」を選ぶマテリアル派であるので、ちょっと意外な気持ちでこの結果を受け止めた。今後、ブログの読者拡大を目論むとすれば、この結果を踏まえた策略を導入すべきであろう。かなり姑息だけど……。

もう1問、「あなたの好きな川・暗渠を3位まで」をフリーアンサーで挙げてもらった。全部で82種類という数にのぼる川や暗渠名が寄せられたが、各回答の1位には

好きな川（暗渠）ランキング

		ポイント
1	水窪川	26
2	神田川	20
3	桃園川	19
4	渋谷川	18
5	北沢川	17
6	荒川	15
7	石神井川	13
8	野川	12
9	白子川	11
10	玉川上水	10
10	多摩川	10
10	善福寺川	10
13	谷端川	9
13	千川上水	9
15	呑川	8
15	蛇崩川	8
15	落合川	8
15	谷田川・藍染川	8
19	前野川・出井川	7
19	品川用水	7

Q　暗渠の魅力を以下の３つに大別するとします。
あなたが最も興味を抱くのはどれ？

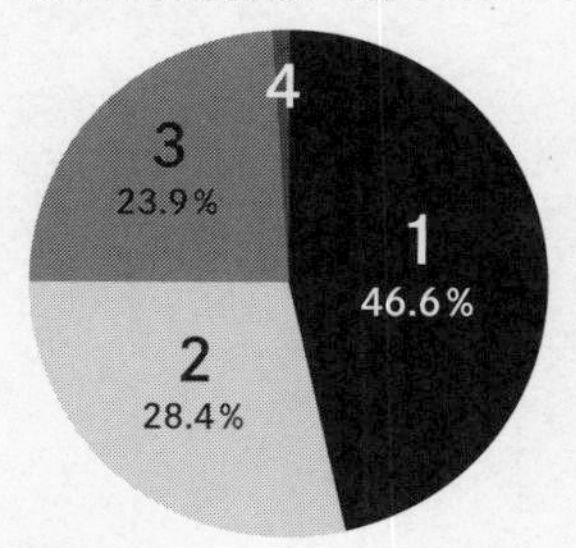

1. 水源やゆくえ（どこから来てどこにつながっているか、など）
2. 歴史（川や川周辺の昔の姿、など）
3. 暗渠そのもの（暗渠のつくりや雰囲気、車止めなどの付帯物など）
4. 無回答

3点、2位には2点、3位に1点を後から付与して集計し、「みんなの好きな川（暗渠）ランキング」を作成したのが上の図である。アミカケした川は「ほとんどが暗渠」である川だ。

さて堂々の1位は豊島区、文京区を流れて神田川に流れ込む水窪（みずくぼ）川となった。そして2位に神田川、以下桃園川、渋谷川、北沢川と続いている。これらを見ると、開渠・暗渠はほぼ半々だが、上位5位までは神田川を除いて暗渠の川が占めている。しかしながら、「暗渠のアンケート」という趣旨で聞いているにもかかわらず、2位につけた神田川。むしろこちらを讃えるべきかもしれない。また最近、さまざまなメディアで取り上げられ、一般的な知名度も上がってきている渋谷川だが、これを抑えまたは伍して水窪川、桃園川、北沢川という暗渠が上位に食い込んでいるという、回答者のマニアっぷりにも注目したい。

水 出ずるところ、
川 生まれるところ

都市開発に伴い、激減中ではあるものの、それでも都心の片隅で、今もひそやかに息づく湧水。

かつてとはいささか姿を変えながらも水をたたえ、現存している……。そんな湧水たちを探し、たどってみよう。

［目黒区 東京大学駒場キャンパスから流れ出す空川］

第4章
湧水と暗渠

空川湧水探訪　駒場

吉村 生

たとえ今、川がなくても、湧水（ゆうすい）があるということは、昔はそこから川が始まっていたかもしれないと推測する材料になる。あるいは、その水を使った営みの話が出てきて、水辺と人とのかかわりが想像しやすくなる。そういう意味で、暗渠を探す時に湧水の情報は有益だ。

東京では都市化とともに湧水の消え失せた話を聞くことも多いが、意外な近場で細々と水が湧いていることもある。ここでは、渋谷からほど近いところを流れていた空川を取り上げながら、湧水との関係を見ていきたい。

空川と流域の歴史

そらかわ。咄嗟（とっさ）に水色をしたクレヨンが頭に浮かぶのは、はっぴいえんどの歌のせいかもしれない。空川とは、駒場にある谷戸を主水源とし、目黒川に注ぐ全長1・4キロほどの小ぶりな川である。流れている土地の名から、駒場川と呼ばれることもあ

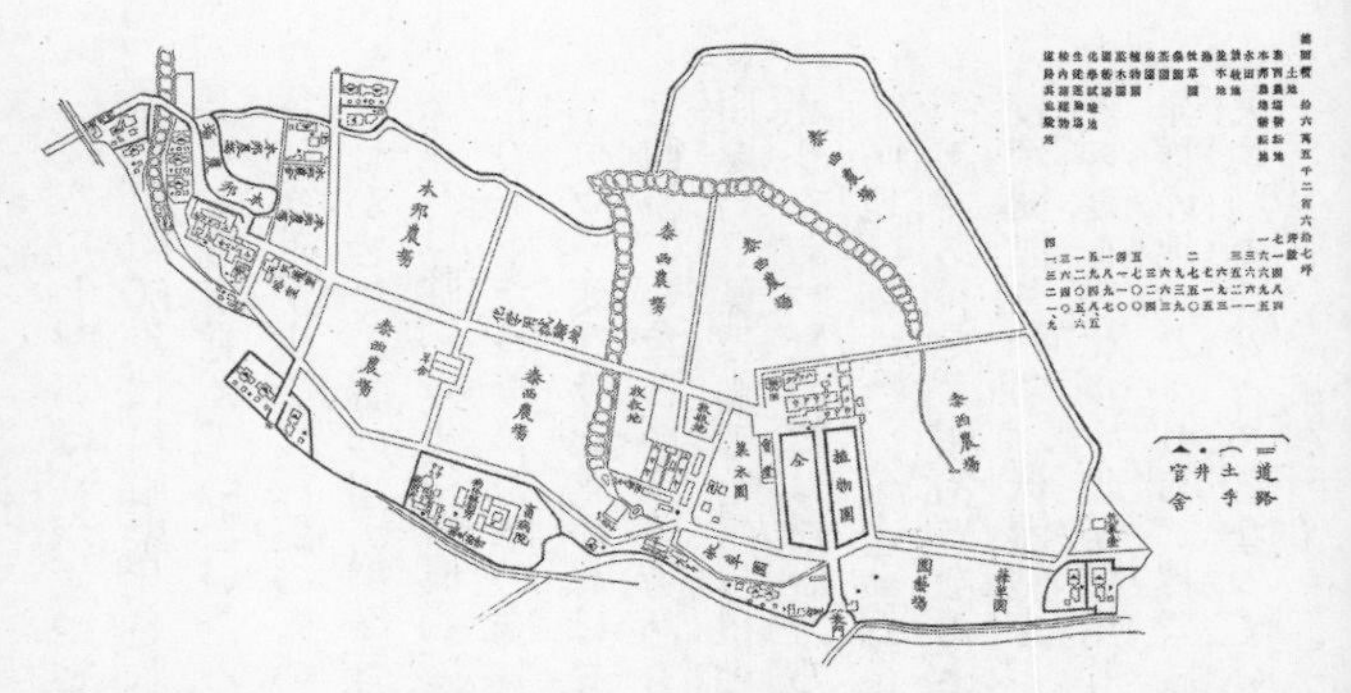

1884（明治17）年の農学校の地図。駒場の谷戸を使った田んぼが載っている（国立国会図書館所蔵）

［写真1］東大の坂下門を一歩入ると、この流れに出逢える

る。空川と呼ぶほうがずっと素敵だと思っているが、名称の由来については不明である。昭和50年代に暗渠化されたという人もいる一方で、暗渠化はもっと早く、90代以上の人しか覚えていないだろうという人もおり、正確な時期についても不明瞭だ。全体に文献が少なく、謎の多い川である。

しかしこの謎の川の源流部は、古代から人の出入りが多かった。享保(きょうほう)(1716〜36)以降は将軍の御鷹場であり、笹や松が生え、ヒバリ、ウズラ、キジ、ウサギなどの宝庫だった。将軍の鷹狩といえば華々しいが、その陰で地元の農民は餌となるドジョウやオケラを納めねばならず、夜中に「ケラ取り」のために提灯片手に田畑を歩き回っていたという苦労話も残っている。生餌(なまえ)のケラはそう簡単に取れないので、期限を再三延ばしてもらうほどであったというが、その現場こそ、おそらくは空川のほとりであったのではないだろうか。

同地は幕末には軍事教練場となった。その頃は低地が田んぼ、あとは畑と竹林が半々であった。明治になると、内藤新宿にあった農事修学場が移ってきて、駒場農学校が開設される。低湿地を、農学校の教官である船津伝次平(ふなつでんじべい)が開墾し、ドイツ人教師オスカル・ケルネルが使用した「ケルネル田圃」は日本初の試験田であり「日本農学発祥の地」とされる。農学校はのちに東京大学農学部となり、左岸の土地は現在も東大駒場キャンパスとなっている。

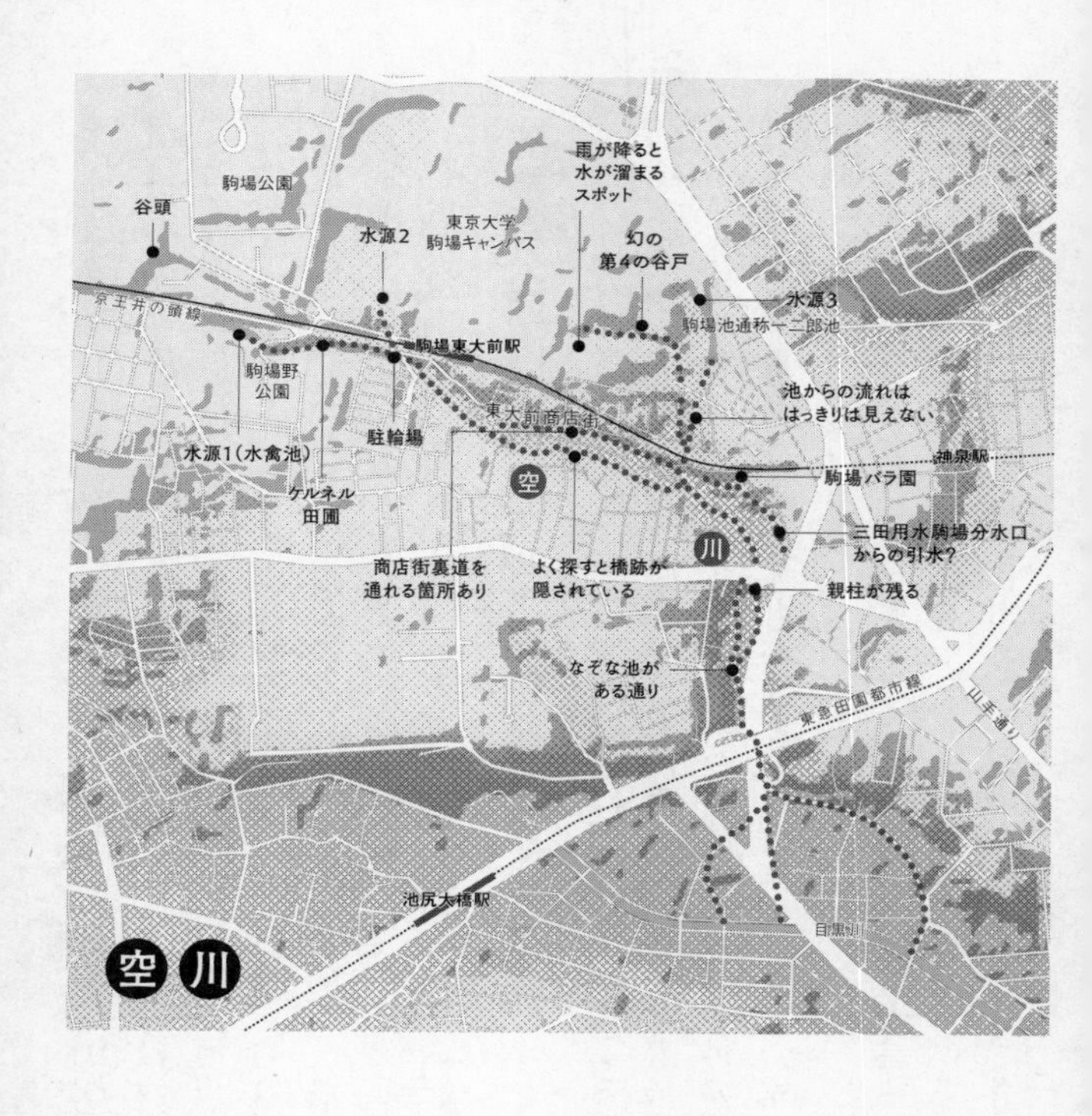
谷頭
駒場公園
東京大学
駒場キャンパス
水源2
雨が降ると
水が溜まる
スポット
幻の
第4の谷戸
水源3
駒場池通称一二郎池
京王井の頭線
駒場東大前駅
駒場野
公園
水源1(水禽池)
ケルネル
田圃
駐輪場
東大前商店街
池からの流れは
はっきりは見えない
神泉駅
駒場バラ園
空
川
三田用水駒場分水口
からの引水？
商店街裏道を
通れる箇所あり
よく探すと橋跡が
隠されている
親柱が残る
なぞな池が
ある通り
東急田園都市線
山手通り
池尻大橋駅
目黒川
空川

なお、駒場キャンパス脇の台地には、三田用水がぐるりと流れていた。昭和初期までは清らかな流れが見られたという。なんとも、水との縁の深い土地である。

この章で空川を取り上げたのには理由がある。現在、河川としての区間はすべて暗渠化されていながらも、都会に残る湧水として、貴重がられているポイントが空川にはあるからだ。クレヨンに宿るような、どこか牧歌的な、水と緑の明るい風景が、この暗渠には今でもある。そしてその湧水は、調べてみると実に奥が深いものだった。

空川の湧水点は、大きく三つある。上流から順に、その三つを辿っていこう。

駒場野公園内の池とケルネル田圃

一つ目の湧水点は、駒場野公園内の池にある。公園にある池は、かつての湧水池の名残であることもあるし、池跡が公園になっていることもある。前述のケルネル田圃は今もあり、その上流側にある池はかつては田んぼのための溜池だった。水禽(すいきん)の遊び場だったので水禽池と呼ぶ人もいたそうだ。ここに湧いた水と雨水を使い、水田は営まれていた。

しかし、実はこの谷戸にはさらに奥がある。地形を見ると、京王井の頭線の線路を越え、東大の先端科学技術研究センターの敷地に谷頭(こくとう)があることがわかる。もしかすると、かつてはそこから湧き出していたのかもしれない。井の頭線脇の道を集中して歩いた時期があるのだが、一度だけ、その谷頭と駒場野公園の谷を結ぶ直線上にある側溝に、滔々と水が流れているのを見たことがある。後にも先にも、その一度だけ。あれは何の水だったのか、いまだに謎である。

現在、常時水があるのは駒場野公園内の池から下流である。池は木々に囲まれたかたちで今もあり、ケルネル田圃にはきれいな水が流れ込んでいるように見える。しかし今、残念ながらこの駒場野公園の池に水は湧いてはいない。ちょうど公園の隣に目黒区の室内プールがあるのだが、そのプールの再生水が流されているのだそうだ。もともとは、湧水と雨水でまかなわれていた池と田んぼ。湧水の世界も現在は世知辛いのね、などと切ない気持ちになる話であった。

坂下門の内側にある小川

二つ目の湧水点は、東大の坂下門のすぐ内側にある【131頁　写真1】。清冽な小川に、ザリガニが優雅に暮らしている。「渋谷駅からわずか二駅でこの世界！」と、感動を呼ぶ流れだ。古いコンクリートの柵に、生い茂る植物に、透きとおった水。三つの湧水点のうち、私が最も好きな場所である。

この細流について、「東大の敷地の地下水が滲み出るもののよう」とする人もある。「湧水だ」と書くものもある。しかし私が衝撃を覚えたのは、この流れが涸れたことがあるという事実だ。正しくは、ある研究室でトラブルがあり、薬品の入った水が下水に混入したという事件があった時、ここの流れが止まった、と教えてくれた人がいた。大慌てで見に行ったところ、水はまったく流れていなかった。

たしかに、湧出口の上にマンホールがあり、より上から流れ込んでいるとも考えられる流れではあった。もしもこれが湧水ならば、こんな状況で唐突に涸れるはずはない。付近の研究室などの排水を処理する設備が上流側にあり、あのきれいな水は処理水なのだろう、と推測せざるをえない。ザリガニたちの心配もしつつ、湧水ではないかもしれないことに落胆したのであった。

しかし、処理水のなかに地下水がまぎれているという想像も、まだ捨てきれていない。江戸期、明治期と、残された地図を見ればここには明確に谷があり、現在のグラウンドあたりまでその谷は延びていて、必ずや湧水が流れていただろうと思うのだ。その生き残りがどこかにいるのではないか、と。

なお、ケルネル田圃からきた流れは、この小川の流れと合わさり、東大前商店街の中を東進していた。商店街の裏道に、ひそやかに暗渠らしさが漂っている。

通称三四郎池

三つ目の湧水点は、東大構内にある三四郎池である。美禰子池ともいうらしいが、これらは本郷キャンパスにある三四郎池と縁づけた通称で、東大の事務的には駒場池というのだそうだ。『江戸名所図会』には蛇池として載っている。農学校時代は湧水を用いた養魚池だったこともあるそうで、昔の地図を見ると、時代によっては分割されていたりする。1880（明治13）年の地図には、さらに南側にも大きな池があり、大量の水の存在を思わせる。現在散策してみると、緑に囲まれ、たっぷりと水がたたえられた癒しの空間に、たくさんのザリガニが遊んでおり、思わず童心に帰るような愉しさも共存している。

しかし、この池が現在の姿になったのは割と最近のことだ。荒れ放題の立ち入り禁止空間だったところ、2008（平成20）年に整備がなされた。当時すでに湧水は枯渇しており（厳密にいうと1カ所からは湧いていた様子）、水位が下がり、ヘドロの堆積する無残な姿になっていたらしい。

ここの地形はいかにも谷戸、という完璧なかたちをしている［写真2］。以前は一二郎池の谷頭には、複数の湧出口があったそうだ。しかし今は、竹筒のようなものが一つ出ているだけである。しかも、竹筒の周辺は妙に薄汚れている。池の周辺を濡らす湧水のようなものは見られるため、まったく湧かないわけではなさそうだ。が、この湧出口について、駒場博物館の先生に聞いたところ、現在の一二郎池は、池の端に落ちた水を谷頭に持っていき、循環させるシステムになっているのだそうだ。竹筒が

［写真 2］ いかにも水の湧きそうな美しいかたちをした一二郎池の谷頭

［写真 3］ 商店街裏の暗渠

汚れているのは、そういうことだったのか、と納得し、同時にその斬新な発想に妙に感心した。時々、雨水や、わずかな湧水などで「伸ばされ」はするのだろうが、なんだか継ぎ足し継ぎ足し使われている、老舗(しにせ)の焼き鳥屋の秘伝のタレのようだな、などと思ったのであった。

幻の第4の谷戸

空川の水源は、先述の三つが主である。しかし、この水源の取材をしている時、駒場博物館の先生から面白い話を聴いたので記しておく。江戸時代の駒場原を描いた「駒場御狩場之図」には、この三つの谷戸のうち、2番目と3番目の間にもう一つ谷が描かれているというのだ。たしかに、前掲（131頁）の明治期の農学校の地図にも、一二郎池の谷戸の隣に、「本邦農場」がまるで谷のような曲線を描きながら存在している。

現地に行ってみると、たしかに他の三つに比べればわずかではあるが、うっすらとした凹みを確認することができた。博物館の先生曰く、現在でもこのわずかな凹みには、大雨が降ると水が滞留するのだという。近年工事をし、水はけは向上したというが、たしかに川跡らしい現象である。

ただし、明治期に農場を造る際、この土地はかなり弄(いじ)られたらしい。古代から人の住む、水が豊富な地ではあったが、現在の地形は古来のものがどこまで踏襲されているかは不明なのだそうだ。それは、ここまで紹介してきた東大構内の谷戸すべてにいえることである。空川流域、どこまでいっても謎が多いものだなと、ため息をつく。

この第4の谷戸にも湧水があったかどうか、どこにも記されていない。しかし、遺されたわずかな地形と情報により、埋められたのか掘られたのかわからないものの、ここにもちょっとした水のみちがあったような気がしてならない。

都会の湧水の現実

空川はその先、駒場バラ園の脇を抜け、松見坂の下を抜け、そして目黒川に注ぐ。合流点は、流路の改修などの関係で時代によって変わるとされる。松見地蔵に立ち寄れば、空川に架けられていた遠江橋の名残を見ることができる。その松見坂付近も、戦前はじめじめとした湿地だったという記述が残っている。こうやって見てくると、空川にはずいぶんとさまざまな水源が存在していたことがわかる。かつての空川は、小さいながらも水量が多く、水車小屋が2、3カ所あったそうだ。

けれどその水源たちは、今も水面こそ見えているのだが、ずいぶんとその中身は変わってしまった。前掲の明治の地図にある、東大構内の谷戸田（やとだ）のうち下流寄りの二つは、三田用水から灌漑（かんがい）用水を取っていたという記録がある。見てきた谷戸たちはいずれも、たしかな谷戸のかたちをしてはいるが、湧き出す水量としては多くはなかったのかもしれない。そして三田用水からの給水が失われた時、従来の水面も失われてしまったのかもしれない。ところがそれを惜しむ人びとの手により、蘇(よみがえ)ることとなった。現在、爽やかに涼やかに、流れゆくあの水たちの背後には、さまざまな労力と電力が伴われているのだった。

私が「都会の湧水だ」と思って喜んでいたものたちには、実はこういった内情があった。私には、ほんものの湧水を見分ける力がまだ足りない、ということなのだろう。そして、都会に残る元・湧水池たちの、厳しい現実。なんとなく残る湧水を交えながら、継ぎ足し継ぎ足し、これからも生き延び続けてくれたらいいのだが。

〔参考文献〕
佐藤敏夫『下北沢通史』1986年
筑波大学附属駒場中・高等学校創立六十周年記念行事推進委員会ケルネル水田事業委員会編『駒場水田の誌』2007年（増補改訂版）
都築秀徳「目黒川下流部の地形並びに湧水」（目黒区郷土研究会「郷土目黒」第4輯所収）1960年
松田素風「駒場のお地蔵さま」（目黒区郷土研究会「郷土目黒」第10輯所収）1966年
目黒区郷土研究会「目黒の近代史を古老に聞く2」1985年

東京都立大学学術研究会編『目黒区史』1961年
ウェブサイト「東大農学部の歴史」(東京大学農学部)

本章の執筆にあたり、駒場博物館の折茂克哉先生にご協力をいただきました。記して感謝します。

都心に潜む「わき水」を調査せよ

髙山英男

ひっそり息づく都心の「わき水」

『東京の自然史』によると、「武蔵野台地のやや東より、海抜約五〇メートルの南北線上には谷頭（こくとう）が沢山あって、これより東にむかう谷の源となっている」とあり、例として、三宝寺池、善福寺池、井の頭池などが挙げられている。

たしかにこれらは、練馬区、杉並区、三鷹市にそびえる山地をえぐる谷頭にあって、それぞれ石神井川、善福寺川、神田川などの大河川に水を供給するメジャーな水源池である。残念なことに、現在は水は湧いておらず、すべて汲み上げによって水を湧かし出している状態となってはいるが……。

しかし、そんな山地まで行かなくても、今もなおこんこんと湧き出ている湧水が都心にもたくさんあることをご存じだろうか。決して大げさに池をつくることもなく、公園として整備されるでもなく、私たちのすぐそばで湧き出し、暗渠へと吸い込まれ

てしまうはかない流れだ。それらを「わき水」（湧き水／脇水）と呼んで、エリア別にいくつか紹介していこう。

山手線内エリアの「わき水」

① 音羽の「わき水」

文京区音羽1丁目にある今宮神社。この隣の一帯に「わき水」がある。東側に切り立つ小日向の台地から染み出した水は崖下の溝に溜まり、すぐ目の前を通る暗渠、水窪川へと落とされていく。住宅に囲まれた裏路地の駐車場のキワで、ほんの短い区間だけ水面を見ることができる、まさに「脇水」だ。

合流する水窪川は、東池袋1丁目、池袋駅東口にほど近い美久仁小路という繁華街を水源とする。護国寺の丘の周りを大きく時計回りに半周ほど回り込んで、音羽通りに並行して南下した後、東京メトロ江戸川橋駅付近で神田川に注ぐ暗渠だ。音羽川、東青柳下水という別名を持つ。水窪川暗渠はほとんど痕跡のない路地暗渠だが、今宮神社の前でかつての水窪川に架かる橋跡も見ることができる。

②元麻布の「わき水」

港区元麻布2丁目、「ブラタモリ」などで有名になった「がま池」がある台地の崖下に、宮村児童公園がある。公園横の崖面には絶えず水が染み出している。その近くの元麻布3丁目8・9番あたりでようやく流れる水面が見えるのだが、おそらく周り一帯の細長い窪地から染み出した水を集めての「わき水」なのであろう［写真1］。

この流れは、麻布十番の商店街西端で、六本木交差点方面から流れてくる吉野川と呼ばれる川に合流し、そのまま商店街を流れ、一の橋で古川に注いでいる。流域では

[写真 1] 宮村児童公園など、付近から集まった「わき水」の流れは、元麻布２丁目と３丁目の境目の橋の上から眺めることができる

川の痕跡はほとんど見られないが、古川合流地点で対岸から大きな合流口を確認することができる。

③　上大崎の「わき水」

品川区上大崎1丁目、すぐ東の尾根道に三田用水が通る崖下の駐車場のキワに沿って細く短い「わき水」が確認できる。生活排水を流すドブのような風情だが、隣の民家にお住まいの方によると、「いつも湧いている水」なのだそうだ。

この「わき水」の合流先は、国道1号線の下をくぐり、目黒川へとつながる水路に注ぐもので、上流は三田用水の分水を受けて流れをつくっていたようだ。

環七内側エリアの「わき水」

④　初台の「わき水」

渋谷区初台2丁目、大通りから一本裏道に入ったアパートの脇に小さな流れがある。すぐ横の階段にはなぜか「田端橋」という橋の遺構が使われていることもあってか、暗渠マニアの間では大変有名な「わき水」だ。

この「わき水」はすぐに初台川となる。初台川は短い川ながらも、下流に「初台橋」を遺していたりと、見事な「名所」の多い暗渠である。川は代々木八幡神社の山のふもとに沿って蛇行し、小田急線代々木八幡駅付近で宇田川に合流。その後ＪＲ渋谷駅付近で渋谷川へと流れ込んでいく。

⑤　下目黒の「わき水」

目黒区下目黒４丁目。羅漢寺川暗渠のすぐ横、というより湧いたそばから直接羅漢寺川に注ぎ込む、と表現したほうがふさわしいような「わき水」である。水量が多く勢いもあるので、ここで紹介するなかでは最も派手な部類に入る「わき水」だ。

羅漢寺川は林試の森公園北側の谷を流れ、山手通りを越え目黒川に合流する。本流は東西に流れる短い川なのだが、東急バス目黒営業所のあたりから流れ込む六畝(ろくせ)川、禿坂(かむろざか)方面から林試の森公園を突っ切ってくる禿坂支流（仮）、さらに下目黒５丁目の競馬場跡地から流れ込む入谷川と、三方からの水が集まり、流域面積はコンパクトながらも実に多彩な表情を見せる暗渠である。この「わき水」の下流にある目黒不動尊では、大きな池をつくる「湧き水」をも見ることができる。

環七ちょっと外側エリアの「わき水」

⑥　上十条の「わき水」

北区上十条５丁目、高台を通る環七から北の崖を下る住宅地の間に現れる「わき水」。やはり崖から滲み出した水が溝に溜まって流れをつくっている。

この流れは途中見えなくなるが、地形から推し測れば、さらに崖下を流れる北耕地川に合流するはずだ。稲付川、中用水、根村用水とも呼ばれるこの川の水源は石神井川。つまり人の手が入った農業用水だ。しかし、特に環七姥ヶ橋陸橋付近から下流に向かって刻まれる深い谷地形は、かつての自然河川の存在を仄めかす。太古、この「わき水」のような水が谷のあちこちで見られたのかもしれない。その谷に向かって石神井川からの分水を人為的に引き込んだのであろう。実際、姥ヶ橋陸橋より上流の板橋区稲荷台あたりでは、かなりの深さを切り通して水が引かれていたようだ。「わき水」の谷を抜けた北耕地川は、JR赤羽駅の南方を抜けて隅田川へと合流する。

⑦　中根の「わき水」

目黒区中根2丁目の住宅地にあるコインパーキングの傍らに流れる「わき水」。初めて見つけた時は、あまりにも日常風景にまぎれすぎて素通りしてしまった。数歩先まで歩いてやっと気づき、慌てて引き返した。その意味では究極の「わき水」といえよう。上流はパーキングの奥まで続き、地所を区切る塀の向こうのマンションの敷地に消えていく。

この「わき水」は、一般道路に出るところで暗渠となり、3ブロックほど先に流れる呑川に流れ込むようだ。呑川は桜新町、駒沢、野沢のそれぞれを水源とする三つの支流が合わさった川で、さらに下流の東急大井町線緑が丘駅付近で九品仏川の合流を受けて開渠となり、ＪＲ蒲田駅、京急蒲田駅両駅付近を抜けて東京湾へと注いでいる。

調査キットを用いて、いざ水質測定

以上、七つの「わき水」を取り上げてきたが、この他にも意外にたくさん都心で「わき水」に遭遇することがある。しかし、それが単なる雨水による水たまりなのか、住宅から漏れた生活排水なのか、まぎれもない湧水なのか、判断に迷うことだろう。そんな時、判断のヒントとなるのが、その水の「水質」だ。

水質調査にあたっては、安価な簡易キットも販売されており、用途によってさまざまな物質の検査ができるようになっている。素人のやる調査なので、研究者や本職ビジネスの方々による厳密な計測に比べると、おもちゃを手に入れて遊んでいる程度であるのは重々承知。とはいえ、測ること自体がなんだか愉しいし、そのついでに（誤差が大きかろうとはいえども）一つでも二つでも「判断基準」が手に入るのだから、とにかくやってみるかとレクリエーション感覚で始めてみた。いろいろな指標、試薬があるが、日頃私はリン酸、亜硝酸、ＣＯＤの三つを軸に測定している。

リン酸は、工場や生活排水、肥料などに由来するもので、亜硝酸も同様であるらしい。この含有量によって、「どのくらい人の手が入った水なのか」を推測できるのではないかと考えている。CODは、Chemical Oxygen Demandの略で、水中に有機物が含まれている時に、それを化学的に酸化させるのに必要な酸素の量を示す。恥ずかしながら、私も専門的なことはよくわからない。しかし、水に何か生き物の痕跡があった時に高くなる数値と考えると、多少わかりやすいのではないかと思う。生き物の痕跡がたくさん見つかるなら、それは「湧いて出てきたばかりの水」とは考えにくいだろう、という解釈だ。

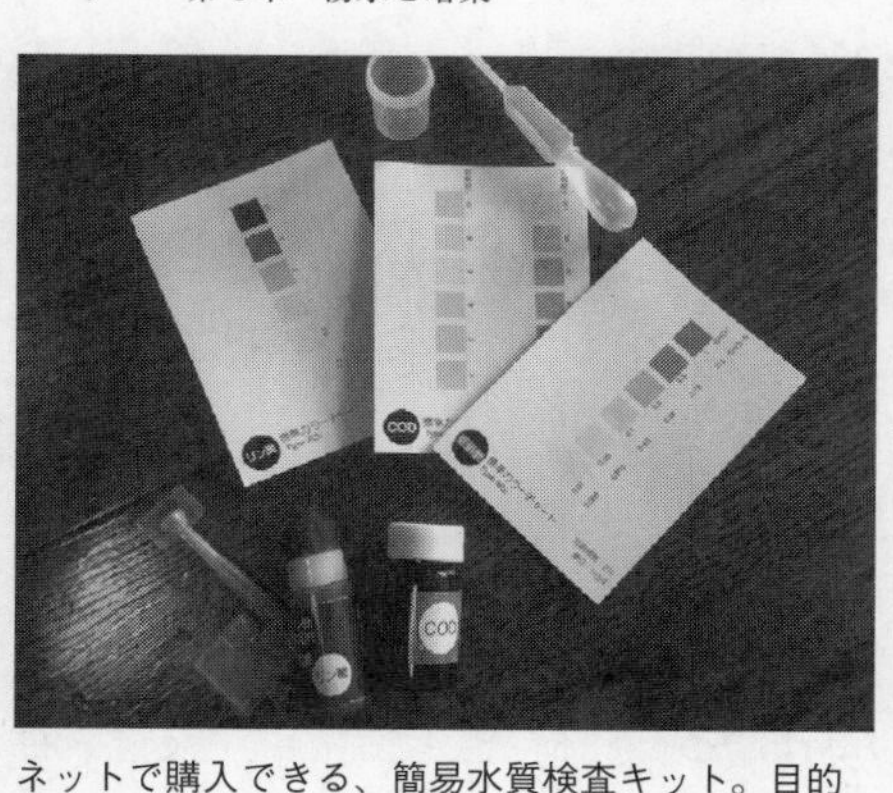

ネットで購入できる、簡易水質検査キット。目的によっていくつもの種類の検査試薬がある

さて、先の7カ所は、本当に湧水なのだろうか。どこかから垂れ流す生活排水や雨水などでは本当にないのだろうか。さあキットの出番だ。これらを計測した結果を見ていこう。

153頁の表が各所の数値である。すべては2013（平成25）年9～11月に「3日前から雨が降っていない」時を見計らって測定した。①音羽は私の痛恨のミス・試薬切れににより亜硝酸のみの測定、②元麻布は水面まで手が届かなかった、という物理的事情によって未測定となっている。

一般に「水質がとても良い」水準は、リン酸で0・0、亜硝酸で0・02以下、CODで2・0以下といわれている。逆に「汚れている」水準はリン酸で2・0以上、亜硝酸で1・00以上、CODで10・0以上だ（単位はすべて、ミリグラムパーリットル）。しかし各指標で「きれい／汚れている」スケールがまちまちとなるため、これだけでは少々わかりづらいと思う。そこで、各指標の「汚れている」数値を100パーセントとした時に、各所各指標は「何パーセントの汚れ」なのか、という「汚れ度」を計算しグラフにしたものも用意した。

では、表とグラフを合わせ見つつ「ほんとに湧水なのか」を推測してみよう。

①の音羽は、指標が亜硝酸だけといささか心もとないが、この数値は堂々と「とても良い」水質を物語っている。現地調査では、カワニナなど清流にしか棲まない生物もこの目でしっかりと確認したことからシロ、すなわち「湧水」であると判定したい。

②の元麻布については、データなしのため、いまだ「謎」である。いつか紐をつけたバケツを持ち込んで水質調査を敢行することをここで約束する。

③の上大崎は、多少リン酸の数値は高めではあるが、他の指標を含め、水質的には文句なしであるし、何よりも隣家の方の「湧いている」証言がある。これもシロ、

簡易水質調査キットによる各所での計測結果

	リン酸 mg/l 工場や家庭排水、肥料などから	亜硝酸 mg/l 生活排水や肥料などから	COD mg/l 水中の有機物による汚れ
①音羽	–	0.02	–
②元麻布	–	–	–
③上大崎	0.5	0.02	0
④初台	0.2	0.02	6
⑤下目黒	0.2	0.02	4
⑥上十条	0.2	0.02	2
⑦中根	0.3	0.05	8

（網掛け）＝「水質がとても良い」レベル

各指標の「汚れている」水準を100% とした時の「汚れ度」

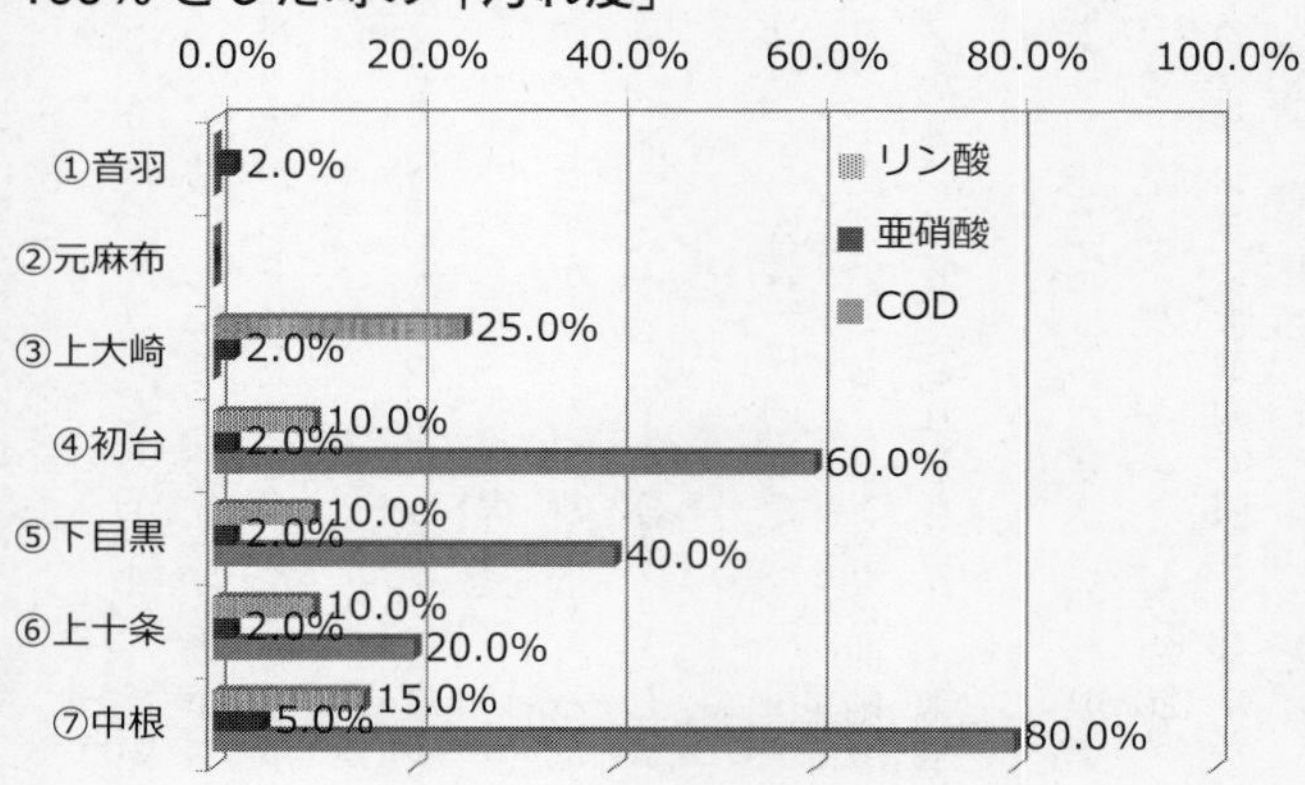

「湧水」。

④の初台は、実際にボコボコと湧いているところが見られず、CODでの「汚れ度」も60パーセントと微妙である。この判断はいったん後回しにして、先に⑤の下目黒を見てみよう。ここは目の前で崖から突き出たパイプからドバドバと水が出ているので、迷うことなく「湧水」である。

その上で水質に着目してみよう。こんなあからさまな湧水であっても、CODの「汚れ度」は40パーセント、つまり湧水でもこれくらいの数値は「あり得る」というわけだ。ということは、④の初台も「即刻クロ、湧水なはずがない」と断定できるような数字ではない、といえる。ここは初台も希望的観測込みでシロ、「湧水」としようではないか。

⑥の上十条は数字的に大変良好であり、まあ文句なく「湧水」と認めてよいだろう。

⑦の中根、これが問題である。COD値が他より高く出ているし、リン酸と亜硝酸も、若干だが他より高めを示しているではないか。かといって、これをもって「絶望的な汚れ度である」とまでは言いがたい。

うーむ。ここで、現場の状況をおさらいしてみよう。当測定は「わき水」が暗渠に落ちる直前で行っているが、実は、この「わき水」の上流は、パーキングの奥約20メートルの流れとなっている。加えて、塀の向こうのマンション敷地内で何メートルか

北に面した崖下なので周囲は苔生し、日本庭園のような趣のある上十条の「わき水」

湧水か、そうでないかを総合判定

	判定ファクター			湧水判定
	目の前で湧出	地元の人の証言がある	水質がとてもよい	
①音羽			○	○
②元麻布				−
③上大崎		○	○	○
④初台			△	○
⑤下目黒	○		○	○
⑥上十条			○	○
⑦中根			△	?

は開渠の状態となっているようだ。

一方、他地点の「わき水」は、ほぼ水が出てきたところ、あるいは出てきて数メートルという距離で測定していることを考慮すると、この長さが有機物含有量増加の要因になっていることは、十分にあり得るのではないか。むしろこんな環境でこの水が生活排水などであったなら、COD「汚れ度」は100パーセント、またはそれ以上となって当たり前くらいに考えることができなくもない。

よし、ここは明言を避けて、「湧水である可能性が高い」くらいにしておくとしよう。なんてったって、そのほうが愉しいし。

東京都環境局では、「東京の名湧水57選」として都内各地の名だたる湧水を紹介しているが、こちらの「わき水」たちはどれも、それとは無縁の地味で細々とした流れである。しかし、湧水に貴賤なし。どれも地中から湧き出で、川をつくっているのだ。あなたの家のわきでそんな「川のはじまり」を見つけたら、ぜひ愛でてあげていただきたい。

ちなみに、東京都環境局のウェブサイトによると、「区別の湧水地点数」は2013（平成25）年で235カ所（23区合計）としており、これは2008（平成20）年から35カ所減少しているそうだ。

〔参考文献〕

貝塚爽平『東京の自然史』講談社学術文庫、２０１１年

COLUMN 4
暗渠スイーツの世界

吉村生

手づくりの店ＨＡＮＮＡＨの【暗渠蓋ビスケット】

https://handmadeshop-hannah.therestaurant.jp

暗渠蓋ビスケットの販売情報はホームページに掲載されるとのこと。

朝日の差し込む爽やかな暗渠蓋のイメージで、表面が金色に輝いている。苔を表現している伊勢抹茶

が褐色した頃に、セピア色に変化した古き良き暗渠蓋に思いを馳せながら食べるのも楽しい、とHANNAHさん。アーモンドビスケットに味噌入り七味唐辛子を加えた、おつまみ風の味わいだ。なお、モデルになった暗渠は桃園川支流で、驚くべき再現度である。

菓子処あかぎの【田柄川緑道　散歩道】

練馬区田柄3―26―9

菓子に暗渠名が冠されている（しかも自然河川の暗渠）。ここまで堂々とした暗渠スイーツはなかなかお目にかかれない。パッケージも緑色、さっくりとした黄身しぐれの皮を一口かじると出てくる餡も枝豆の緑色。実に爽やかな緑道テイストの菓子だ。暗渠マニアにとっては、現役時代の田柄川のほとりにあった草木たちを彷彿とさせる緑色、ともいえるのではないだろうか。

おくむらの【彩紅橋】
名古屋市北区東大曽根町上2—885
こちらは橋の菓子だ。かつて大幸川に彩紅橋が架けられていた。川は埋められ、橋は六所神社に保存されている。この菓子は、橋の石畳を和風ブッセの焼き面で表現しているもの。「彩紅橋通」など地名にも名が残る。

A.K Labo の【ジオサブレ】
武蔵野市中町3—28—11
吉祥寺でジオサブレがひそかに製造されているのをご存じだろうか。フランス仕込みのパティシエが腕を振るう、地元モチーフのサブレたち。井の頭池、境浄水場と意欲的に作られてきて、現在5種類。運が良ければ裏アイテムにも出会えるかも？　緯度経度が入っているのも秀逸で、味も含めクオリティが非常に高い。

また、暗渠イベント時に暗渠菓子を作ってくださることもある。写真は金沢市の香林坊橋サブレ（期間限定品）。

香林坊交差点に残る親柱を、竹炭や抹茶を用いて色までも再現した至高のサブレ

正面から。

横から、斜めから。

いろんな角度から。

ひとつの暗渠とじっと向かいあってみる。暗渠にかかわるいろんな人の眼になって眺めてみる。たくさんの暗渠を比べたり、並べたりして見つめてみる。

暗渠への視線は、多様であるほど対象を豊かに味わうことができる。

[中野区 弥生幹線]

第5章
暗渠への視線

もうひとつの藍染川、のものがたり

荒川区

吉村生

かつて東京都内には、藍染(あいぞめ)川と呼ばれる川が何本かあった。一つは谷田川の下流部としての藍染川、そして神田紺屋町あたりを通るもの、それから浅草のほうにも一筋あったといわれる。いずれも、現在は暗渠である。

しかし、実はもう1本あるのだった。荒川区内だけで「藍染川」と呼ばれていた川が。たまたま荒川区で資料を漁っている時に、この水路に秘められた荒川区民の想いに触れることとなった。川に対する書きぶりを見ると、荒川区外と区内でこんなにも違うものなのかと思わされる。ここではそのように、暗渠へ注がれるまなざしが内外で異なる、という話をしていきたい。

呼び名も、違いの一つである。『川の地図辞典』では「谷田川排水路」として記載され、「藍染排水路」と載る地図もある。地元の方々は、「大どぶ」「どぶ川」「大下水」などと呼んでいたようだ。が、名を記す時には、荒川区内で出された資料ではこの水路の名称はいつでも「藍染川」だった。「排水路」などとはまずつかないのである。ここではそんな歴史や想いを込め、荒川区視点で「藍染川」と呼んでいきたいと思う。

「もうひとつの藍染川」のあらまし

もうひとつの藍染川はすらりとしていて、ほぼまっすぐな形状である。それは、この川が人工河川であることを物語っている。谷田川（こちらも藍染川なのだが、本章では混乱を避けるべく、もとの自然河川を谷田川、谷田川の排水路を藍染川とする）から分岐し、暗渠で道灌山下をくぐり、JRの先は開渠となっていた。

この水路の始まりについて見てみよう。1913（大正2）年、「下水設定事業」という、やや珍しい名称の工事が提案される。それは、北区・文京区・台東区を流れる谷田川が流量に比して川幅が狭く、また工事の主体の違いにより、土管が上流は太いのに下流は細いといったように構造が悪く、氾濫が多かったことに起因する。「染井駒込西ケ原田端上野台本郷台等左右一帯ノ高台ヨリ急転直下シテ本川ニ集中スル多量ノ雨水ヲ排除スルコト能ハズ……」（「自藍染川上流谷中初音町四丁目を経て至荒川、排水路」なる計画より）

谷中や根津あたりの頻繁な水害は、たしかに深刻であった。ちょっとひどい夕立だと床下浸水するという話やら、炊き出しのおむすびをタライに入れて水の中を押した話やら、部分改修工事はしたものの町の財政では賄いきれないという話やら、苦労話は枚挙にいとまがない。だとしても、なぜこんな位置に、こんなかたちで排水路を設けることになったのか。

既に都市化の進んでいた谷田川下流部の拡幅には、土地買収が必至であった。河口までの長距離に管渠を築造するとしても、いずれにせよ高額かつ困難な工事となる。そのため、当時田んぼばかりであった三河島方面に大排水路を設けることが最も合理的、ということに落ち着いたのだった。そして決定されたこの排水路の〝設定工事〟は、1915（大正4）年に着工、1918（大正7）年に完成する。

ここまでの事業計画の話は、荒川区以外の資料によるものである。一方、『荒川区史』における藍染川事業についての表現は、実に苦々しいものだった。

「台東区方面の溢水のための困惑を救うため、わざわざ区内に下水を設定して荒川に導くという事業で、これが現況においてはむしろ区民にマイナスの作用をしている。（中略）いってみれば三河島村民を犠牲にして東京市民のためをはかったものであったといい得るのである」（『新修荒川区史』下）。

「もうひとつの藍染川」を歩く

こんなにも厭（いや）な顔をされた、藍染川とは何だったのだろう。川べりの人びとも皆厭

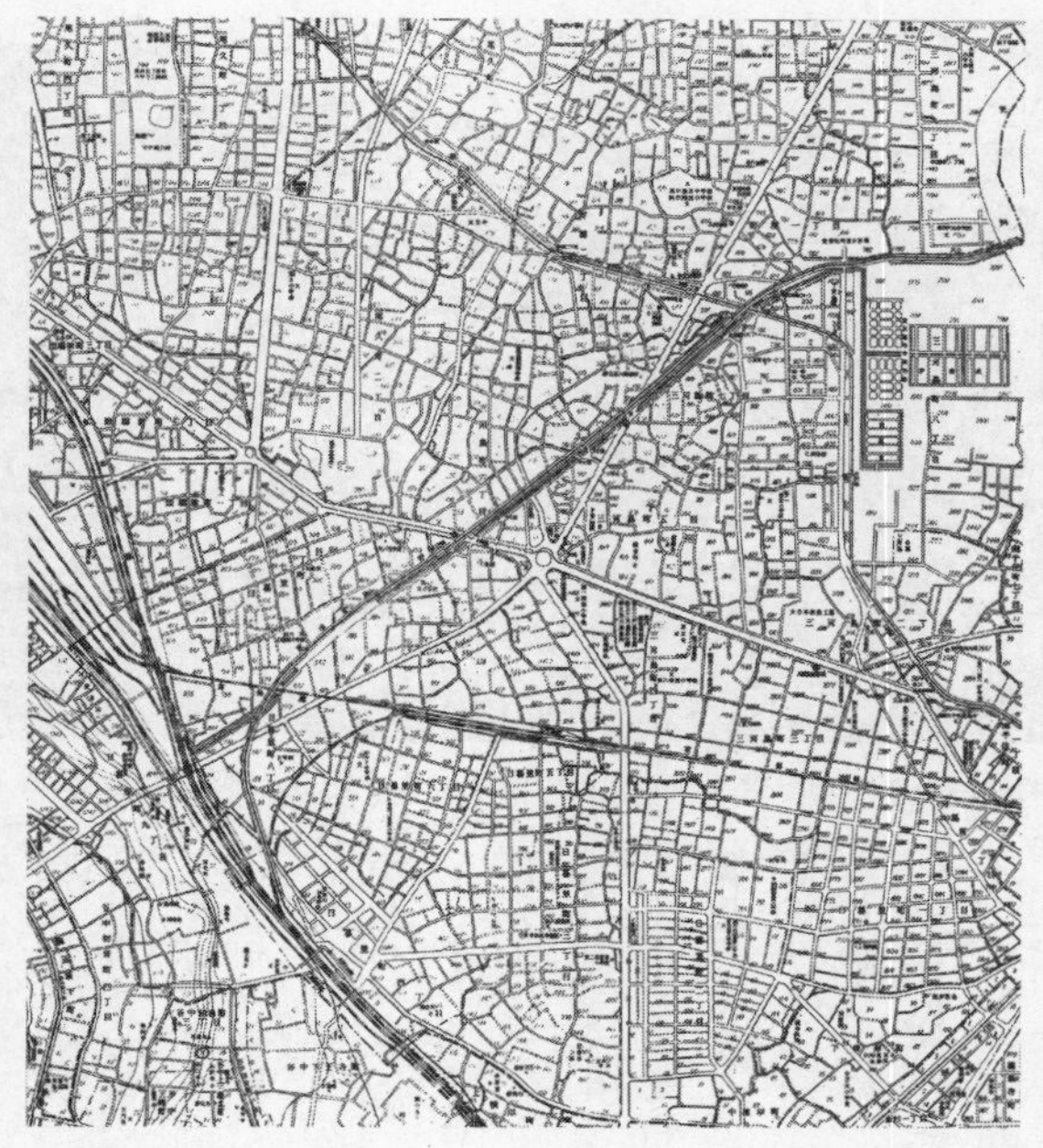

京成電鉄の隣を、開渠になったり暗渠になったりしながら、藍染川が荒川に向かって流れている（『戦災復興期 東京１万分１地形図集成』）1957（昭和 32）年「田端」より

居酒屋の真ん中から飛び出す藍染川暗渠。よく見ると地面の色が異なる

がっていたのであろうか。現在は全区間暗渠としての顔しか拝むことはできないが、分岐点から歩いてみることにした。

分水装置が置かれた交差点を背に、ゆるい登り坂を歩いてゆくと、西日暮里の駅前に至る。小高い道灌山の下には、トンネルが通っている。1915〜18（大正4〜7）年の間に造られたこの暗渠部分は、幅2730センチのレンガ積みであった。内部の写真を見てみると、長いこと働いたレンガは丸みを帯び、ところどころ沈んだり隆起したりしている。それはまるで『風の谷のナウシカ』に出てくる蟲（クダムシ）たちがうごめいているかのようであった。

外に痕跡が見え始めるのは、この後である。JRの線路を越えたところに、開渠の藍染川の始まりの遺構がある。蓋架けされた部分の色が違っていて、今もはっきりとわかるものだ。上に乗っている居酒屋は、明らかに藍染川よりも後からできておきながら、藍染川の遺構をまるで中庭のように使っていた。内側はどうなっているのかと偵察してみたら、座敷席へ向かう廊下であり、かつ、トイレと厨房だった。上から真下に、下水道にドボン！　というわけだ。

この地に在ったものがたり

以前はこの川で染物を洗う光景が見られた、という記述を見つけた時、染物屋があることで有名な根津の藍染川と混同しているのではないか、と思ったが、実際に染物を洗っていたという人はいた。1919（大正8）年に西日暮里に引っ越し、染物業をされていたというその方の語りでは、染物を洗っていると、道灌下の暗渠部分から落ちてくる水の音が大きくゴーゴーと響いてきたということだった。やがて文京区などに水洗トイレができ、汚水が流れるようになったために川では洗えなくなり、1973（昭和48）年に足立区に移られたそうである。さらにその子孫の方に話を聞くと、1958（昭和33）年まで、藍染川で布の糊取りをしていた、とのことだった。

設置された当初の藍染川は、「大どぶ」などと呼ばれはしたものの、まだまだ流れはきれいなもので、子どもたちが中に入り、タニシやドジョウを獲って遊んでいた。コイやフナもいた。中洲には草がたくさん生えていたので、飛び込んでも怪我をしなかったという人もいる。そう長くはない期間かもしれないが、この藍染川で仕事をした人、そして遊んだ人がたしかにいたのだ。

JRから京成のガード下までは、蓋がけ部分の色が異なっている。日暮里・舎人ライナーのガードをくぐり、京成のガードもくぐり、そして貨物線の線路をまたぎ、川跡は続く。

根津の藍染川というと、通称「バンズイ」という金魚屋の話がよく出てくるが、こちらの藍染川にも「大谷金魚」という金魚屋があった。藍染川ができるより前、明治30年代からあったそうだ。明治末期の地図には、たしかにカクカクとした池が描かれている。大正初期にはもう少し丸みを帯び、1932（昭和7）年には池は消え、付近の大地主、冠氏の別荘になっている。大谷氏の話によれば、その池は養魚場であり、震災後に人家が増えたため、養魚場だけ足立区に移したのだそうだ。残された瓦葺きの金魚問屋も1981（昭和56）年になくなり、ビルとなる。地図でしか認識していなかった「カクカクとした池」にはそんな歴史があったのだと初めて知った。現在その場所は地下鉄の変電所となり、白い箱のような建物が、のっそりと建っている。

道路や橋、藍染川に付帯するもの

藍染川はしばらく京成線と並走する。昔の地図を見ると、周辺をちょこまかと用水路が流れている。藍染川よりももっと昔からそこにあった、この地の田んぼを潤してきた石神井用水の分流で、そのうちいくつかは、懸樋(かけひ)となって藍染川の上を通るようだ(大正期の地図では5カ所ほど)。藍染川設置の際、石神井用水の水路を使用したと推測している文献もあるが、古地図と照らし合わせる限り、それは違うようである。

京成の高架裏には少し前まで、色とりどりの店舗の痕跡が見えたが、今は白く塗り直されている。昔はガード下に店舗がずらりと並び、その前を藍染川が走り、川の両脇には道路があったという。その道路は「焼き場道」と呼ばれていた。最初は日暮里火葬場へ行く道、その後は町屋火葬場へ行く道。方向が逆でも、焼き場へ行く道ではあった、というわけだ。

藍染川が暗渠化されてからは、「暗渠通り」という通称に変わる。今は「藍染川通り」と「藍染川西通り」という名になっているが、荒川区によれば、藍染川通りは2002(平成14)年に、藍染川西通りは2004(平成16)年に、地元の要望で名づけられたものなのだそうだ。そう聞くと、地元の方々が今でも「ここは藍染川」と思っていることが伝わってくるような気がする。

藍染川には大きな橋が三つ、架かっていた。一つ目の橋は子(ね)の神橋で、京成本線新三河島駅前の明治通り沿いにある。1926(大正15)年に架けられた古株の鉄筋コンクリート製の橋だったが、明治通りの拡幅とともに廃された。冬になると、トラッ

花の木橋遺構。現在は撤去されてしまい、地下に支柱が残るのみ

クが雪を運んできては、子の神橋の袂（たもと）でシャベルですくって藍染川に流す、という光景が見られたそうだ。

　お次の花の木橋は尾竹橋通りに架かるもので、現役時代の写真を見ると、幅広で斜めに架かる立派な橋である。花の木橋の袂にあった飲み屋のおじさんが川を流れてくるボールを拾っては近所の子にくれた、という微笑ましい話も残っている。その花の木橋の親柱は、長らく道路沿いにぽつんと立っていたのだが、いつのまにかなくなっていた。また別の花の木橋親柱が花の木ハイム裏に保存されているのは、ありがたいことである。

　三つ目の橋は子育橋（こそだて）という博善社通りに架かっていたもので、町屋斎場の前にある。子育橋跡は地面の色が違っているので、橋の構造物があるのではと期待したが、下水道や電線を防護するための段差だということだった。

　この3橋のほかにも、藍染川には木橋がところどころに架かっていて、その数、大正期には13橋、昭和初期には16橋もある。次の橋まで行くのが面倒なので架けられた、幅50センチくらいの橋もあった。人工水路とはいうものの、付帯する構造物やエピソードを見ていると、自然河川とさほど違わない。

「もうひとつの藍染川」の暗渠化

藍染川周辺が市街地化してくると、それに伴い、川は汚れ、保健衛生上、交通上、そして防災上の問題が生じるようになった。１９２７（昭和2）年には、三河島町長が東京府知事に下水道工事について上申している。１９３２～３３（昭和7～8）年には、新三河島駅から上流と町屋火葬場前から下流が暗渠となった。１９２８～３６（昭和3～11）年の地図を見ると、開渠の始まりから貨物線の間までは開渠のままで、新三河島駅から上流のわずかな区間のみが蓋をされており、その箇所が最初に着手されたのだとわかる。

ところが、１９３１（昭和6）年の満州事変の影響で工事は中断してしまい、しばらく残りは開渠のままで放置された。工事再開は１９５６（昭和31）年、すべてが暗渠となったのは１９６０（昭和35）年のことだった。とはいえ流量の多い幹線らしく、蓋がけ後も豪雨時は冠水することもあったそうで、さらなるバイパス下水管が30年代後半に造られている。

歩く際に地面に着目してみると、この道は暗渠らしいというより、なにか〝乗っけた〟ような違和感がある。縁石はむしろ蓋部分のアスファルトより低いから、なんのためにあるのかわからないくらいだ。暗渠化工事は鉄の棒の間にコンクリートを流し込むというもので、それを見たために、今でも、大きいトラックが通ると下に抜けてしまうのではと不安で、なるべく端を歩くようにしている人もいるという。夜になると川が白く見えるので道と間違えて人が落ちたとか、人が自転車ごと落ちて引き上げるのが大変だったとか、馬が落ちて皆で引き上げたとか、だから遊びに行く時は「川に気をつけて」と言われたものだとか……いくつも残るエピソードは、藍染川イコール落ちると怖いもの、ということを、子どもの頃から染み込ませるには十分だったろう。

荒川区の「もうひとつの藍染川」への思い

三河島水再生センターの脇を通れば、いよいよ隅田川、藍染川の出口だ。三河島水再生センターは、もとは東京「市」の下水処理施設であり、当時「郡」であった三河島の人々はその恩恵を受けられなかった。下水処理場は使えないわ、他区のための排水路が通されるわ、三河島村民の踏んだり蹴ったり感が前述のような区史にも表れているような気もする。流末は、もともと町屋の火葬場への入堀のようになっていた。

おそらく藍染川は、この入堀につなぐかたちで造られたのだろう。藍染川に比べ入堀はやや幅広く少しうねっており、現在の道路のかたちにもそれは残っている。

流末を確かめた後は町屋駅前に戻り、ふと目についた喫茶店でホットケーキとホットオレンジジュースを頼んだ。斎場帰りの人びとが、思い思いに話をしていた。


現在、藍染川の地下には分水地点からまるまる、〝藍染川幹線〟が走っている。〝藍染〟ポンプ所により三河島水再生センターへ連絡し、処理水を隅田川に放流しているという。一方、谷田川に走るのは、谷田川幹線か、無名の下水道である。つまり、現在最も「藍染川」の名を残しているのは、地上においても、地下においても荒川区といえるのではないだろうか。汚水の川となってからは忌々(いまいま)しくもあったのかもしれないが、荒川区民がきれいな藍染川とともに暮らした時代も、たしかにあったのだ。思い出を持つ人は、今でもほとりに住んでいるのだ。

もうひとつの藍染川。地図上はただのまっすぐな人工水路であり、荒川区外の資料でも無機質な排水路でしかない。しかし荒川区の人たちにとって、このまっすぐな暗渠の中には、たくさんの血のかよったものがたりが詰まっている。

［参考文献］

荒川区『新修荒川区史』下巻、１９５５年
荒川区教育委員会編『街かどで拾ったよもやま話集』１９９０年
荒川区土木部編『荒川区土木誌』１９７１年
荒川区教育委員会編『荒川（旧三河島）の民俗』１９９９年
荒川区民俗調査団『荒川区民俗調査報告書』１９８８年
荒川区立第六日暮里小学校創立40周年記念史「ろくにち」
荒川区立第六日暮里小学校創立60周年記念史「ろくにち」第三集
菅原健二『川の地図辞典　江戸・東京／23区編』之潮、２００７年
『谷中・根津・千駄木』其の三十七
谷根千工房『谷根千同窓会――古写真帖１９８４～１９９１』１９９１年

「暗渠ANGLE」で風景を体系化する

髙山英男

加工度から暗渠を見る

暗渠を見る時の一つの視線の置き方として、本章でご紹介しておきたいのが「暗渠ANGLE（ANkyo General Level Explorer）」である。これは、暗渠（および開渠）を「加工度」で分類する方法だが、暗渠のある風景を記述する際の共通言語になれば、との思いから独自に作成したものだ。分類にあたっては、まず「水面を隠していない状態（開渠）」と「水面を隠している状態（暗渠）」の二つに大別し、さらに加工度で細分化して、レベル0から4まで、計五つのクラスターに分けるものだ。以下、クラスターごとに解説していこう。

レベル0

ほとんど自然のままの開渠を「レベル0」とした。素に近い川であり、土手や川底

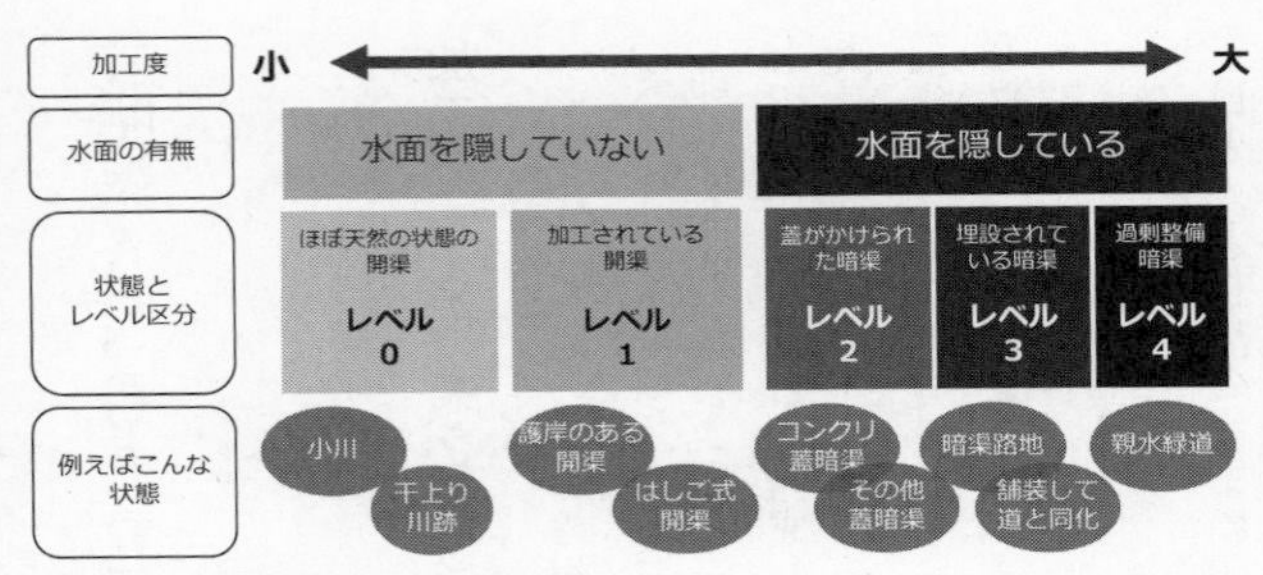

これが「暗渠ANGLE」だ！

にも土や礫（小石）が見えているという状態。また、何らかの事情で水が涸れてしまっていても、護岸工事や補強工事などが施されておらず、干上がったまま放ったらかしであれば、このレベルに分類する。今となっては、都内では珍しく、山手線内はおろか、東京23区内でもほとんど残っていない。公園や、保護区域の湧水地点からわずかの距離で見られるばかりである。

レベル1

水面を残しながらも護岸整備がされている、または水路上部にはしご状の補強梁が渡されている（通称「はしご式開渠」）など、部分的に加工はされているものの、決して水面を隠そうとはしていない開渠の状態にあるものを、「レベル1」とした。水面が見えるため、このレベルまでは誰が見ても「川」、あるいは「ドブ」と認識されるだろう。水がなく干上がっている場合（都心では多くがこの状態であるが）であっても、

コンクリート三面張りに加工され、横に切梁が渡された川。奥ではまさに蓋かけ工事が始まっている。レベル1

杉並区桃園川の支流暗渠。杉並は蓋暗渠が多くしかも仕上げが美しいことで暗渠マニアには有名だが、このたおやかなカーブ処理の美しさは他に類を見ない。レベル2

ある程度の深さに掘り込んであり、決して歩く道ではないことから、一般の方にとってもそれなりの存在感がある空間かと思う。

このレベルのものは、幅30センチ程度の細い水路であれば、山手線内でも見つけることができる。だが、崖などから染み出た湧水を集めて近くの下水道に落とされるまでの、ほんの短い区間で存在しているだけで、大変はかなく貴重な存在である。

一方、多少幅広で加工度も上がるはしご式開渠に都心でお目にかかることは、私の知る限り皆無である。板橋区、練馬区、杉並区、世田谷区、大田区あたりでようやく出現するも、大雨の後しか流れない「涸れ川」となっているケースもある。ところによっては金網で封鎖され、もはやそのレーゾンデートルまで忘れ去られようとしており、消滅するのは時間の問題かもしれない。

レベル2

これ以降は水面を「隠している」状態となり、いよいよ本当の意味での暗渠となる。そのなかでも「開渠に蓋を架ける」という加工がされたものを「レベル2」とした。その辺にあった（と思われる）ありあわせの素材で蓋を架けただけ、という非常にプリミティブなものもあれば、工業規格化されたコンクリート蓋を連ねて、目地まできっちり加工する、という計画的なものまで、さまざまなタイプが見られる。

この状態の暗渠は、場所によって非常に多くのバリエーションが愉しめる。まずは蓋の素材のバリエーション。木材や鉄板を使っているところもあれば、建築現場の足場でよく使われる布板を使うところもある。ポンコツになった家電品や台車など、粗大ごみを蓋の代わりに置くところもあった。このようなケースはおそらく、「うっかり落ちないように蓋はあったほうがいいが、かといって私財を投入してまではちょっと……」「使わなくなった台車があるんだが、どう捨てたらいいかわからない。いっそこの誰も通らない水路の上にでも……」という住民同士のニーズが暗黙裡にマッチングされてｗｉｎ－ｗｉｎの関係となった結果なのであろう。さらにこれを上回る大物として、物置や小屋がそのまま蓋になっている、といった驚くべきケースも存在する。

一方、規格化された蓋暗渠であっても個性は滲み出るもので、目地の仕上げまで美しく、思わずため息が漏れるような蓋暗渠もあれば、勢いに任せて投げ置いただけ、そのおざなりさ加減に思わず笑ってしまう蓋暗渠もあり、大変に表情豊かである。

このように、レベル2の暗渠は、場所によって無限ともいえるバリエーションが愉しめ、暗渠のなかで最も「観賞性」の高いホットな物件であろう。

川崎市二ヶ領用水の暗渠。なんと錆びた台車が蓋代わりに使われており、見る者を圧倒する。レベル2

加工度が高くほとんど道と同化。しかしこのスペースだけなぜか「囲われて」おり、なんだか不自然……。それは暗渠だからです。杉並区の松庵川。レベル3

レベル3

蓋をするだけの暗渠からさらに加工度が高いものとして、道に埋設された状態を「レベル3」とした。これらは、下水道管が地下に埋められる、または付け替えなどですでに地下にも水が流れておらず、路面はアスファルトや土で整地され、見た目は普通の「道」になっている。

多くは細く暗い「暗渠路地」であるが、このレベルのなかでも比較的加工度が高いものは一般道と識別しづらくなるものもある。しかしながら「車道に比べて歩道（暗渠）が広すぎる」とか、「続いていた歩道（暗渠）が突然途切れて、道の反対側に移動している」など、どこか不自然さを遺しているので、暗渠であることを看破すべく、あれこれ推理するのもまた愉しい。パッと見でわかりづらいだけに、地域資料や前後の川筋、高低差など、知識と感覚を総動員せねば解けない、難問ならではの面白さ、といったところか。

これらは総じて、レベル2の蓋暗渠よりも俄然「普通の道」に近くなるため、マテリアルとしては「写真映え」しないものだが、特に暗渠路地などでは独特の雰囲気、趣を味わえる場所も多く存在する。

レベル3の暗渠の表面は、ほとんどがアスファルトやコンクリートなどの土木資材で舗装されているが、稀に土や砂利で固めただけの未舗装のものに出会うことがある。

世田谷区北沢川緑道。川跡を埋めたこと以上の価値を創造せんと、住民に憩いの場を提供している。レベル４

加工度が低めのこうした素朴な暗渠は23区内、特に山手線内エリアではほとんど見ることができなくなっている。

また、暗渠サインである「車止め」も、レベル3には比較的多く見られるのではないだろうか。「車止め」とは、主に地表からの大きすぎる加重から暗渠を守るために暗渠の両端に設置されるものだが、レベル3の道はレベル2よりも見た目が暗渠だとわかりづらい分、より「車止め」の重要性が高くなるのではないかと推測している。

レベル4

最後の「レベル4」は、加工度の高さも極まれり、という状態である。川を埋めて道にするといった程度の加工にとどまらず、緑道や公園など、単なる道以上に過剰な何かをつくり上げているようなケースを指す。

このレベルのなかでも、緑道は「道として厚化粧を施す」だけだからまだ比較的低い所に位置づけられるが、公園などに生まれ変わっている場合は、レベル4のなかでも最右翼とポジショニングできよう。さらに加工度を高め、ここに人工の清流を復活させて「せせらぎ公園」などとしているケースも見られ、こうなってくるとメビウスの輪のようにねじれねじれて、観察者に「お！　レベル0⁉」などという錯覚を起こさせそうな気もしてくる。

レベル4の暗渠は、そのあまりの加工度の高さゆえ、暗渠マニアの間の人気はいまひとつといった印象だが、一般の方々にとってはおそらく、美しく整備された心地よいスペースとして喜ばれる空間であろう。暗渠マニアの想いに反しつつも、地域社会への貢献度は高いと思われる。

「加工度」とは、川である（あった）ことの「隠蔽度（いんぺい）」、あるいは川であった記憶の「破壊度」にほぼ等しいことも興味深い。人が持つ技術を川、あるいは自然に対して行使する時、少なくともこれまでは「隠す」、または「征服する」方向ばかりに向かっていた証左かもしれない。

「暗渠ANGLE」の複次元化

ここまで、「加工度」という横軸を用いて暗渠を分類してきたが、新たに縦軸を設定することによって、さまざまなマトリクス上で暗渠を捉え、記述することができる。

例えば、縦軸を「水路の成り立ち」として、上位に玉川上水や千川上水などの人工開削の水路、下位に水窪川、桃園川など、もともとの自然河川を置いてみよう。すると、いろいろな地点で見かけた断片的な暗渠の状態を、平面上に展開させることができる。あるいは、縦軸を「川幅の広さ・狭さ」にしてみたり、「標高の高さ・低さ」にしてみたり、きわめて定量化はしづらいが「下水臭の強弱」にしてみたり……と、それこそ調べたいことや抱いた仮説によって、選択肢は無限（は大げさかもしれないが）に存在しよう。

そんななかで、現在私自身が最も手ごたえを感じているのは、「川（水路）の距離推移」を縦軸にとるやり方である。

縦軸の上位を川の起点、下位を川の終点（他の河川への合流点）として、1本の川を記述する。川の起点ではどんな加工度になっているか、水面が消えて暗渠になるのはどれくらい下ったところなのか、さらに下った上流域ではどんな状態に変わるのか、

縦軸に上流下流をとり、
さらに「暗渠サイン」もプロットした例

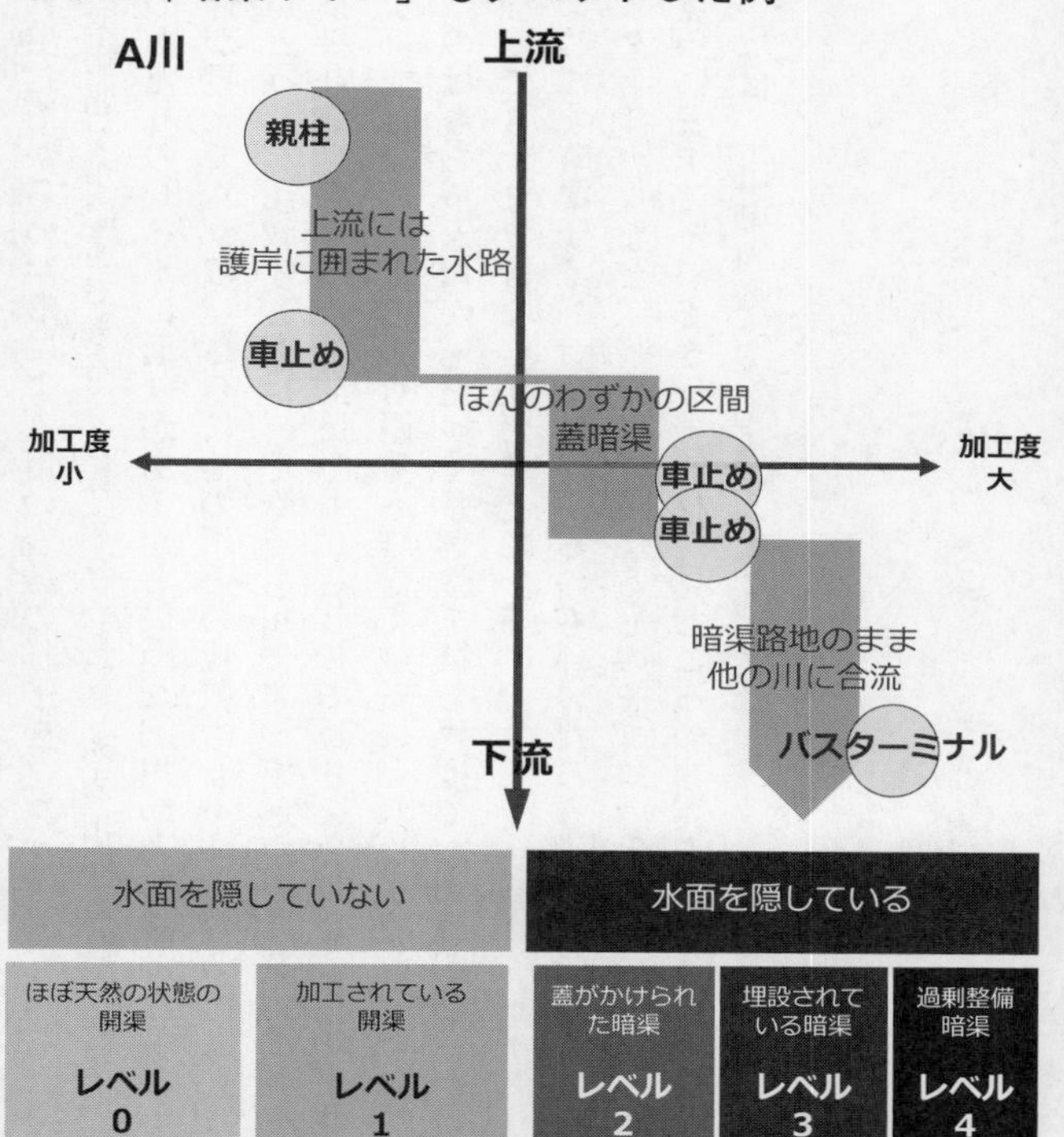

流れ出してからの距離による川の変態の様子をプロットしていくことで、1本の川の「暗渠状態」が記述できる。こうすることで、ある川がどれだけ暗渠化されているか、どのあたりのレベルに偏りがあるかといった、川の「暗渠的な個性」が可視化できる。個性が見えてくれば、さらに他の川との比較もしやすくなる、というわけだ。

川どうしを比較する際は、そもそも川によって起点から終点までの距離の絶対値が異なるので、それぞれの全長を100として長さを合わせ、相対距離とすることで比較が可能となる。この相対距離も細かく厳密にとれば、それだけ精度が高いものができるのはもちろんだが、ざっくり個性を摑む程度であれば、だいたいこんな感じという程度でも十分ではないかと考えている。

ここに「暗渠サイン」を付加するのもいいだろう。流域で見かけた車止めや橋跡、バスターミナルなど、暗渠に付帯するものをプロットしていけば、さらなる川の個性を豊かに表すことができる。何枚か見どころの写真を貼り込んで暗渠ごとにこしらえていけば、「暗渠図鑑」が完成するであろう。

COLUMN 5
暗渠と下水道

髙山英男

東京の多くの都市中小河川は下水道に転用されており、暗渠は下水道とは切っても切れない縁がある。

ところで、下水道には大きく「合流式」と「分流式」の二つの方式があることをご存じだろうか。これらは広域なエリア単位で採用されている下水道の処理方式で、マンホールに「合流」と書かれているものが「合流式」、一方「雨水」や「汚水」と書かれているものが共存するのが「分流式」である。では、合流、分流はそれぞれ、どんな方式なのだろう。

下水道を伝って流れる水は、大きく「雨水（雨など、地表から伝って落ちてくる水）」と、「汚水（生活排水など、何らかの用途に使われた後、家庭などから落ちてくる水）」の二つに分けられる。これらを同じ下水道管で一緒くたに流しているのが「合流式」、別々の管に分けて流して処理しているのが「分流式」である。

合流式マンホール。この「合流」という文字を見て「ここで暗渠が合流するのか？」などと無駄に興奮してしまいがちだが、そういう意味ではない

単純に考えても、分流式は合流式に比べてその2倍の下水道管が必要となるし、インフラ整備には用地も労力もコストも2倍となる。昭和30年代に猛ダッシュで緊急整備された東京中心部の下水道は、一部を除き、そのほとんどが合流式だ。

そんな手軽な合流式下水道システムだが、大きな問題も孕（はら）んでいる。

合流式で流下する生活排水と雨水のうち、生活排水の流量はまあ一定といっていいが、雨水は台風やゲリラ豪雨によって流量が大きく変動する。大雨に襲われ、下水の処理能力の限界が見えた時、合流式の下水道システムはどんな対処をするかというと、一定量以上の下水を「越流水」として、開渠の川に流し込むのである。つまり、ものすごい大雨が降った時は、目黒川や渋谷川、神田川などの都内の「川」に、家庭のトイレ排水なんかも遠慮なく流し込んでしまうのだ。

当然、川は臭くなるし、衛生状態も良好であるわけがない。だからといって一度広範囲に構築してしまった合流式下水道システムをそっくり分流式に替えるなんてこと

になると気が遠くなる……。

そこで、合流式を採用している自治体が中心となり、「合流改善」活動が推進されている。短期的な「処置的な対策」としては、合流管から川に溢れる水を少しでも減らし、またきれいにするために出口に細工などを施している。「戦略的な対策」としては、地下貯水池や雨水の超高速処理施設の建設、浸透性舗装をするなど、雨水を下水に流さないためのさまざまな具体策がとられている。「地下貯水池の見学会」など、下水道のしくみや合流改善策の理解を促すイベントを催している自治体もあるので、機会があればぜひ実際の対策の様子をご覧になってみることをお勧めする。

南関東、船橋、浦和、横浜まで視野を広げて暗渠を見てみよう。

東京近郊だけ見ても、それぞれの土地の暗渠はそれぞれの事情でおもしろい。あなたはどのエリアに惹かれるか、掘りたくなるか。

［さいたま市緑区　原山に向かう藤右衛門川の支流］

第６章
東京近郊一都三県、暗渠勝負！

千葉の暗渠は一味違う

吉村生

千葉県の船橋周辺、なかでも海辺に近い暗渠たちは、独特の趣を持っている。古代からの長く誇れる歴史を有する船橋には、豊富な史料と、現地の謎を追求し続ける郷土史家のコラボレーションも存在する。

そうとは知らず、幼少の頃から遊びに行っていたからという理由でこのエリアを攻め始めたところ、現地で出逢う物件はいずれも、思いもよらぬダイナミックさを惜しみなく発揮する、キラキラ暗渠たちであった。その一部を紹介するので、千葉暗渠の魅力に取り憑かれていただけると幸いである。

津田沼編　庄司ヶ池排水路

子どもの頃の思い出といえばディズニーランドが幅を利かせるのであるが、実は舞浜の穏やかな記憶よりも、もっと前に「谷津遊園（1982年に閉園）でヘリコプターに乗った」という、恐怖と好奇心に満ちた記憶が鮮やかに残っている。そんなわけ

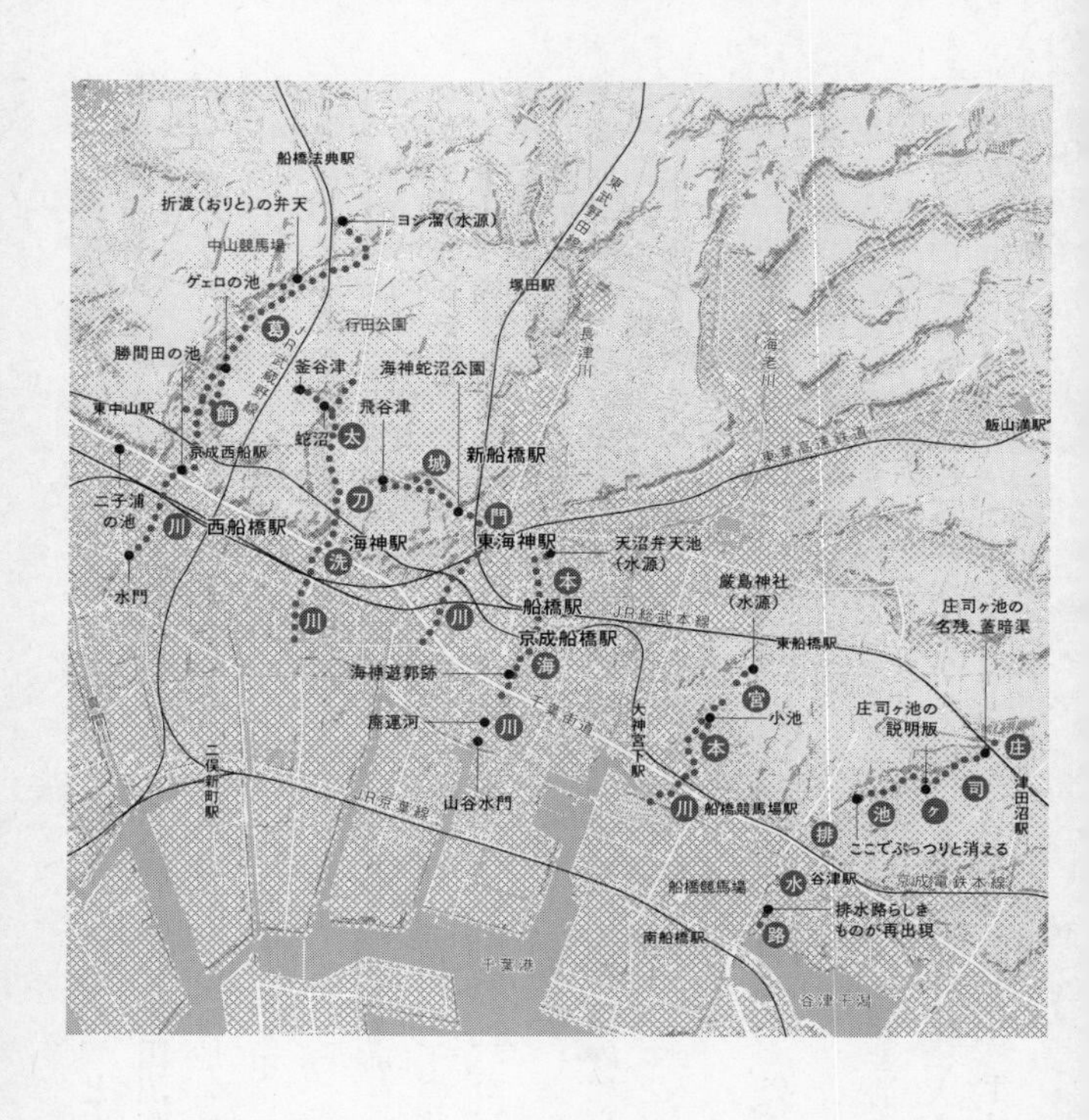

船橋法典駅
折渡（おりと）の弁天
ヨシ濡（水源）
中山競馬場
ゲェロの池
塚田駅
行田公園
勝間田の池
釜谷津
海神蛇沼公園
東中山駅
飛谷津
蛇沼
京成西船駅
新船橋駅
二子浦
の池
西船橋駅
海神駅
東海神駅
天沼弁天池
（水源）
水門
船橋駅
厳島神社
（水源）
JR総武本線
京成船橋駅
東船橋駅
庄司ヶ池の
名残、蓋暗渠
海神遊郭跡
小池
廃運河
庄司ヶ池の
説明版
山谷水門
船橋競馬場駅
ここでぷっつりと消える
谷津駅
船橋競馬場
排水路らしき
ものが再出現
南船橋駅
千葉港
谷津干潟
飯山満駅
津田沼駅
二俣新町駅
大神宮下駅
JR京葉線
東葉高速鉄道
東武野田線
長津川
海老川
京成電鉄本線
千葉街道
葛
飾
川
太
刀
洗
川
城
門
本
川
海
川
宮
本
川
庄
司
ヶ
池
排
水
路

で、千葉暗渠めぐり第1弾は、津田沼にしようと決めた。どんな暗渠があるかはわからない。でも、行けば何かはあるさと、ある日、JR津田沼駅に降り立った。

そんな名前の沼があったのではない。津田沼という地名の登場は1889（明治22）年。周辺5村が合併した際の、主要3村（谷津、久々田、鷺沼）の合成地名である。戦後、千葉市の一部を編入し、習志野市となった。

駅前の店でSLラーメン（2024年現在、そこにあるのは日高屋だ）を食べ、腹ごなしに北西の低地へ向かう。谷底には期待通り、ツギハギの暗渠が鎮座していた。郊外の暗渠を見る愉しみの一つに、「蓋素材の多様さ」が挙げられよう。予想もしない素材や継ぎ方で、目を愉しませてくれることが多い。ここも、なぜ途中でプラスチックが交じるのか、なぜ斜め横にも蓋があるのか。微妙に見慣れぬ姿をしていた。暗渠は始まったばかりだが、その先は大規模再開発で、マンションが何棟も建つようであり（2015年竣工済み）、すぐさま追えなくなった。

習志野市立第一中学校の前に案内板があり、かつてあった水辺について知ることができた。付近の低地には、庄司ヶ池という池が広がっていた。雨水などが流れ込んでできた、巨大な池だ。しかし、庄司ヶ池は大正時代に姿を消す。池は南の高台に遮られて出口がなく、大雨になるとたびたび溢れて周辺の畑に大きな被害を与えるので、農民が非常に困っていた。そのため、1914（大正3）年に池水を海に流す排水工

[写真1] 手前の堤により閉じられる暗渠に行き場はない

[写真2] 本海川、船橋市海神(かいじん)遊郭の上流側は美しい紅白の暗渠みち

事が行われたのだった。南の高台である谷津5丁目は砂質であるため、掘割式の排水溝を造ることができず、鉄筋コンクリート管を使用したという。当時としては難工事であったことだろう。

巨大池からのスタートとは思いもよらず、これから向かう暗渠が「庄司ヶ池排水路」という名のついた人工水路であることも、なにやら心躍る。いったい、どんな姿をしているのだろう。

少し先の、畑の中に続きの暗渠を見つけることができた。と思ったら、またも唐突にぶつりと途絶えてしまった。前述の高台が、まるで堤のように立ちはだかっているのだ。［前頁 写真1］谷の出口がない。こんな地形があり得るのだろうか。庄司ヶ池が人工の溜池だとすると、排水路を造らずに堤をこしらえるなどということがあるだろうか。縄文海進時の想定海岸線を見ると、今来た谷は、海まで途切れずに続いていた。

頭の中が「？」だらけになりつつ、高台に上り歩いてみる。明治初期、長雨のために庄司ヶ池の水が溢れ、この高台を乗り越えて海岸まで流れ出たことがあったそうだが、そんな話は信じられないような、抑揚のない台地と住宅街が続いていた。先ほどの排水路の続きなど、まったく感じ取ることができないままだ。

高台の先、谷津遊園の跡地にできた団地群の脇を通ると、唐突にコンクリート蓋暗渠が現れた。確証はないものの、庄司ヶ池排水路の流末のような気がした。そしてその先は、谷津干潟であった。河口部で辻褄が合ったような気になったものの、なぜあのような地形ができたのか、謎は解けぬままである。

船橋編　本海川暗渠

津田沼での不思議体験が忘れられず、今度は船橋にやってきた。山谷水門から遡り、海神遊郭跡をかすめて北上する、本海川（ほんかい）暗渠が次なるターゲットだ。遡ってゆくと、遊郭跡を過ぎたところから、それまでただの道だった本海川は、途端に暗渠らしくなる［197頁　写真2］。

船橋駅周辺でいったん埋もれて見えなくなるが、駅のやや北で、レンガのようなゴージャス蓋となって再会する。上流には天沼（あまぬま）弁天池公園があり、そこが水源だ。天沼弁天池は桃園川の水源と同じ名であるが、杉並の湧水池であるそれとは成り立ちが異なっている。かつてはJR船橋駅をも呑み込む巨大池だったのが、1930（昭和5）年に耕地整理のため、4分の1以下に縮められて現在の公園の大きさとなり、釣堀が残っていたが、1966（昭和41）年に埋め立てられて今の姿になった。室町時代まで遡れば、このあたりは夏見入江であったと考えられている。やがて砂州ができ、入江の入口が狭められて夏見潟となる。夏見潟は夏見台地の南にあり、胃袋のようなかたちをしていた。そして川の運んだ土砂堆積量の少ない場所が取り残され、天沼弁天池となったのであった。むしろ、上野の不忍池と似た歴史がそこにはあった。なるほど1880(明治13)年の地図には、今よりもずっと大きな「九日市の池」(天沼弁天池の別称)が描かれている。そしてその大きな池は、内水面漁業が行われたほか、北を流れる長津川から水を取り込み東側に配水するという役割も負っていた。今なお残る本海川本流以外に縦横無尽に走る船橋市内の蓋暗渠は、そのような用水路の名残なのかもしれない。

そして実はこの本海川、非常に独特な存在で、船橋市において大切な機能を担っている。市街地で火事が起きた場合、山谷水門の下流から海水をポンプで汲み上げ、この暗渠に敷設された圧送管を通して天沼弁天池公園まで送り、消火活動に使うというものだ。そのことを示す珍しい海水取水口マンホールが、本海川沿いには設置されている。

かつて漁業に農業にと、役立っていた水とその通り道は、今、再び手直しをされて、非常時に役に立っている。またしても、斬新な暗渠との出逢い。総武線を見れば飛び乗りたいと思ってしまうくらい、千葉暗渠のとりこになっていた。

船橋エリアの事情　太刀洗川、葛飾川、宮本川

船橋周辺の暗渠をもう少し行こう。お次は行田(ぎょうだ)団地の下から流れ出す太刀洗川(たちあらいがわ)。由

[写真 3] 葛飾川の上流部にある橋跡は子どもの秘密基地

[写真 4] 千葉街道の下の太刀洗川

来とされる血のついた刀を洗ったのは源頼義とも、その血は船橋大神宮の神主のものともいわれる。水源は釜谷津と呼ばれ、釜（大穴）からもくもくと水が湧き、その水が低いところで停滞し「蛇沼」となる。水源はそれに加えて、行田団地にかつてあった海軍無線電信所の発電機冷却水の排水も流れていたのではないかと、ひとり勝手に妄想している。そのようにして始まる太刀洗川は、旧地名山野と海神の間を徹底して流れる、いわば村境の川。葛飾の農家の重要な用水の一つであったともいわれる。千葉街道を越えた先は、がくんと下がって道の真ん中を走る暗渠となる。

太刀洗川の隣を流れる葛飾川は、古作(こさく)の奥から流れ出て、市川市の二俣(ふたまた)へとゆく川で、中山競馬場のスタンドから見える谷を流れていた。葛飾川の水源は薄暗い藪の中にあるヨシ溜といわれるところで、かつては何カ所も湧水口があり、川魚や蛇やイモリがいたそうだ。これまで見てきた千葉暗渠の主水源はことごとく消えているが、葛飾川水源は、今も水がじめじめと湧き出し、神秘的な感じが残る。この地に長閑(のどか)な田園風景が広がる頃、葛飾川もまた流域にとって重要な農業用水だった［前頁　写真3］。

用水といえば、溜池も必要である。葛飾川の中流部にある勝間田(かつまた)公園はかつて、「勝間田の池」という『江戸名所図会』にも載る景勝地であった。千葉街道の下にくっきり高低差があるが、ここは池の水が落ちるところで、「富さん」という茶屋があった。すなわち、旅人がくず餅、でんがく、だんごなどを食べ、お茶をする場所であった。この勝間田の池は溜池であり、勝間田公園全体でも十分広いのに、千葉街道の中央分離帯のところまでが池だった。冬は氷の上で、春は釣り、夏は水遊びと、子どもたちが遊ぶ池でもあった。しかし次第に生活排水が流れ込んで汚れ、農業用水としての役目がなくなると、すべて埋められた。

勝間田の池よりも下流の葛飾川は、太刀洗川下流部の暗渠と雰囲気がよく似ていた［201頁　写真4］。しかしこの「似ている」という引っ掛かりはまだ漠然としていて、私の中でつながりを持てるのは、もう少し先のことである。

もう1本。宮本川は東船橋の南西、厳島神社にあった池から流れ出していた川だ。池は区画整理事業の際に埋められ、今は湧水の一滴も見当たらない。宮本川暗渠の上流部は表からは見えず歩けないが、日枝神社のふもとをぐるりと回って下る。宮本小学校あたりの旧小字はずばり「小池」であり、小学校の北側は昔、道よりも低い土地で池っぽさが漂っていたそうだ。

宮本川は小池で池となり、そして南側の地名から、ここで川は消滅していたと推測する人がいる。砂層に染み出ながら海に向かっていた、というのだ。ここでふと、庄司ヶ池の疑問を思い出す。かの池も、目に見える水の出口はなかったといった。庄司ヶ池の水も小池同様、砂層に染み出すことで排出されていたのだろう。思い返せば天沼弁天池の誕生も、砂州のはたらきによる。砂州が発達し水を堰き止め、池ができる。

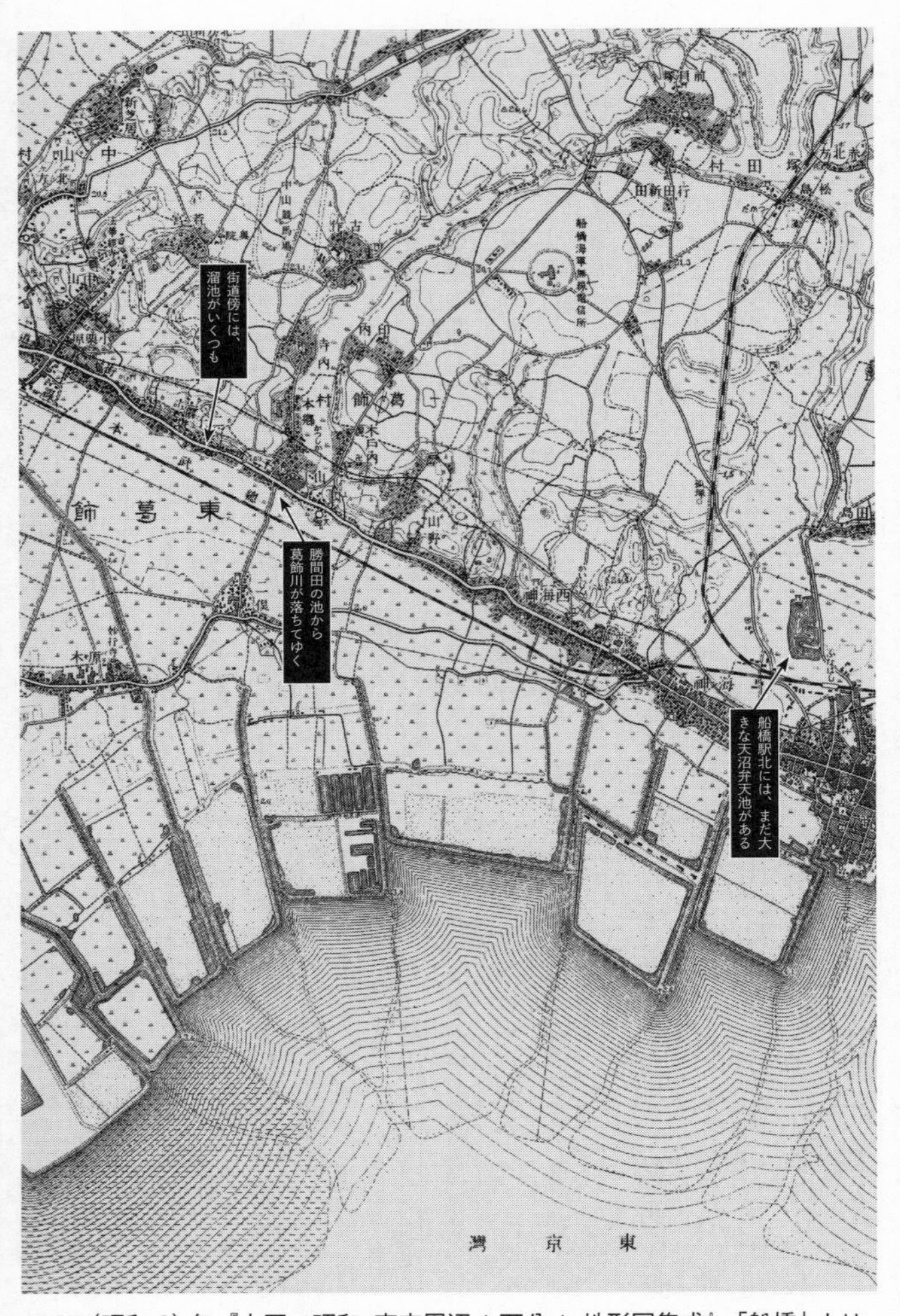

1927（昭和2）年『大正・昭和 東京周辺1万分1 地形図集成』「船橋」より

また、小池の存在は、勝間田の池も連想させる。他にも、千葉街道の傍には二子浦の池などの溜池があり、南側の田んぼを潤していたといわれる。

現在は小池より下流側にも流路が認められ、宮本川は「消滅して」はいない［写真5］。ここらも、宮本川によって灌漑されていた田園地帯だったのだろうか。谷で湧いた水、砂州と池、田を潤す用水、という共通性。このエリアでは、暗渠のあり方は「砂」の影響を強く受けている。

［写真5］宮本川下流部のカーブ。かつてはここにフェンスがあり「水路敷」と書いてあった

船橋エリアに残る謎　城門川論争

最後に紹介するのは、海神を通る暗渠、城門川だ。水源はドブや低湿地を意味する「飛谷津」にある。傍らには海神山があるが、宮本川沿いの花輪台とこの海神山は、昭和初期の船橋の高級住宅地の代表であり、そしてどちらも砂丘なのだった。またも、「砂」である。さてこの飛谷津、その名のとおり宅地となる前は一面の水田だった。現在の城門川はカラッとしたも

ので、鉄塔地帯の下や蛇沼跡にできた海神蛇沼公園脇を通ったりと、上流部は追いやすい。

ところが東武野田線の高架をもぐった直後から、城門川の流路は突然曲がり出し、複雑になってゆく。一度通過したはずの野田線の線路を再びもぐりに行く時には川のくせに鋭角で、すぐさま直角に曲がって高架から出る。と思えば総武本線を越え、京成線をもぐってJRへと、線路をまたぐこと5回。最後に千葉街道をくぐり、海へと向かっていく。

この屈曲部について、低地であるのにこのように河川が曲がる要因はないこと、谷地形がないことなどが、自然河川らしくないと郷土史家の間で物議を醸している。もともとは北流して長津川に合流していたのが、南に流路を変えられて稲荷澪に流れるようになった、と推測している人がある。曰く、縄文海進で飛谷津谷が海に沈んだ時に沿岸流が砂州を形成し、それが今ある微高地であり、これにより飛谷津の開口部は北に変わったのではないか、と。飛谷津内の水田は実際に北へ延びていて、さらに、小字も北に向かって「南沼」「北沼」「内田」と配列されている。人工部分は野田線の高架以降で、飛谷津の排水と南側低地の水田を潤すために付け替えられたものではないか、ということである。一方で、流路変更を想定しない自然河川説を唱える人もいる。論争の決着は、ついてはいないようだ。

1800（寛政12）年頃、城門川は用水路として史料に登場する。しかし、残念ながら開削に関する記録は見つかっていない。高低差の少ない地を複雑に動き回り流れゆく城門川。感覚を研ぎ澄ませながら歩きたい、微地形好きにおすすめかもしれない。「砂」の関与した地形が巻き起こす論争は、今なお続く。船橋エリアの暗渠は、この「砂」のおかげで、見た目も性格も、とても魅力的になっている。

［参考文献］

かつしか歴史と民話の会実行委員会編『葛飾の郷――歴史のなかの葛飾』2004年
滝口昭二「「本海川」と「城門川」」（船橋市史談会編『史談会報 第23号』2003年）
船橋市郷土資料館編『写真でみる船橋1　五日市』1991年
習志野市企画調整室広報課編『わたしたちの郷土習志野』習志野市企画調整室、1978年
習志野市教育委員会『新版　習志野――その今と昔』2004年
習志野市教育委員会『習志野市史　別編　民俗』2004年
習志野市企画調整室広報課編『ならしの風土記』1980年
成瀬恒吉『葛飾誌』1988年
船橋市立西海神小学校創立五十周年記念事業実行委員会編『ひとみ輝く西海の子――創立五十周年記念誌』2003年
長谷川芳夫「滝口昭二氏の本海川人造説について」（船橋市史談会編『史談会報 第24号』2004

年)
船橋市下水道部『ふなばしの下水道概要』1999年
船橋市市史編さん委員会編『船橋市史』
船橋市市史編さん委員会編『市史読本 船橋のあゆみ』2004年
船橋地名研究会・滝口昭二編著『滝口さんと船橋の地名を歩く』崙書房出版、2014年
「船橋の地名」第8巻4号、第10巻1号、第12巻2号、3号、船橋地名研究会
小川常雄編著・大野眞一編『語り継ぐふる里』三田歴史研究会、2007年
宮本の歴史を作る会編「宮本の歴史を作る会会報」3号、6号
綿貫啓一『郷土史の風景』船橋よみうり新聞社、1990年

埼玉、暗渠ANGLEをめぐる冒険

髙山英男

川が貫通する浦和競馬場

地図を見ながら、思わず「へえーっ！」と大きな声で唸ってしまった。京浜東北線と武蔵野線が交わるJR南浦和駅の北東に浦和競馬場があるのだが、なんとその競馬場のど真ん中をどうやら川が貫いているようなのだ。

こんな状況には覚えがあるぞ。そう、1907（明治40）年から26年間、現在の目黒区下目黒にあった目黒競馬場だ。この競馬場の南には、目黒川の短い支流、羅漢寺川が流れていた。この羅漢寺川はいくつかの支流の支流を抱えていて、その一つ、入谷川と呼ばれた川がこの目黒競馬場を貫いていたのだ。いや、貫くというより、敷地内に谷頭があり、そこから川が始まっていた。

競馬場ができた当時、谷は出口を塞がれて競馬場内に大きな池ができていたという資料も残っている。競馬場トラックの真ん中にある水面。それは果たしてどんな眺め

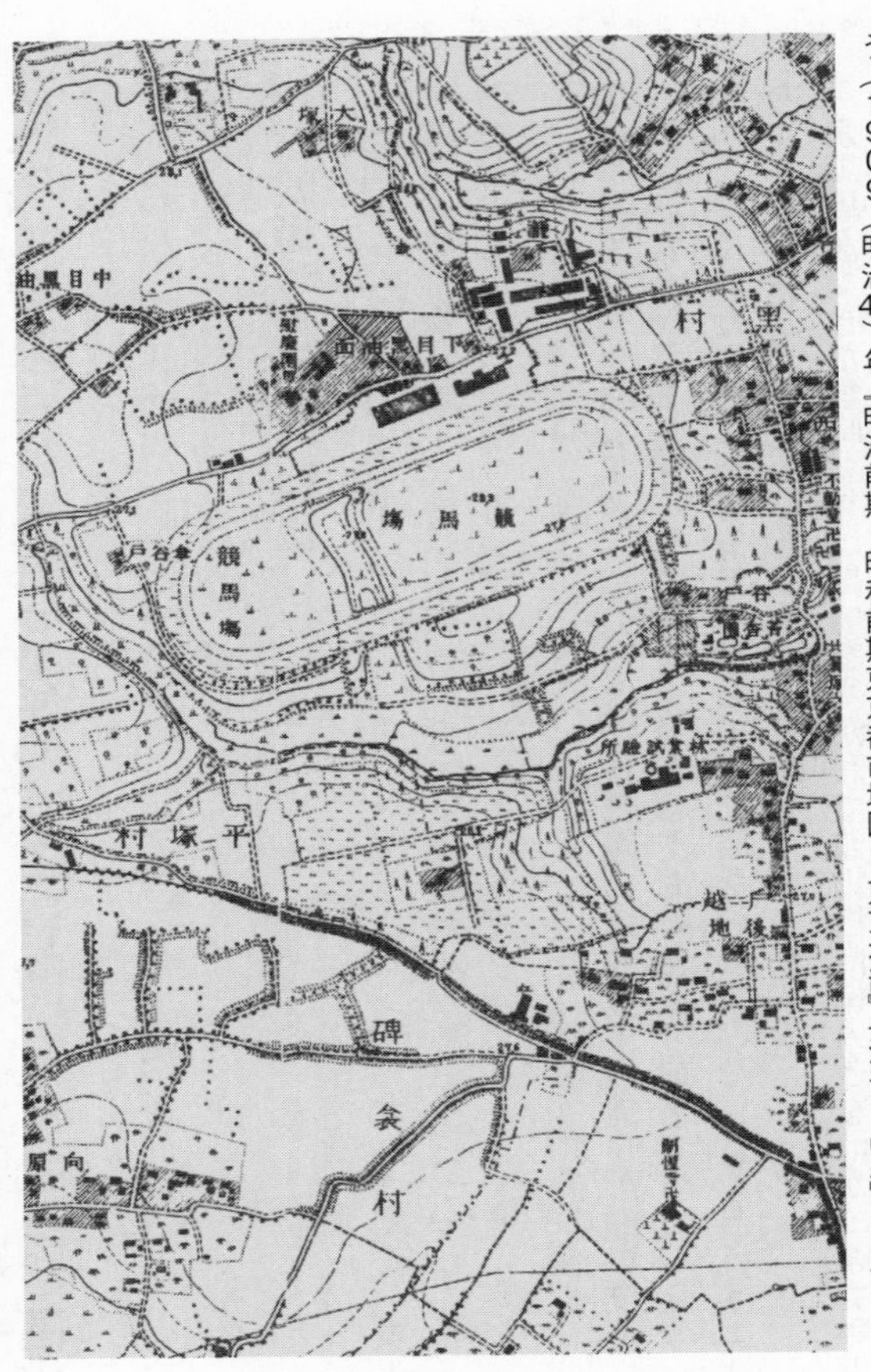

入谷川の谷を包み込む目黒競馬場。地図に川筋は描かれていないが、ここには水の流れがあったという（1909（明治42）年『明治前期・昭和前期東京都市地図2 東京北部』「渋谷・品川」より）

であったのだろうか。目黒競馬場の面影は、今となっては「元競馬場」という交差点やバス停「元競馬場前」が残ってはいるものの、地形的にはトラックの曲線をなぞる細い道の断片と、現地を歩いてようやくうっすら感じることができる入谷川の谷地形のみである。

鉄骨構造のトラックをくぐっていく藤右衛門川。「トラックが蓋」という、なんともスケールの大きな蓋暗渠である

　そんな、かつての目黒競馬場を彷彿とさせるような風景がきっとここで見られるはずだ。しかもトラックの中の川は、ほぼ浦和競馬場の敷地を境にして暗渠と開渠に分かれているようである。思いっきりエキサイティング。私は競馬をはじめとしたギャンブルにはほとんど興味はないが、競馬場やボートレース場を「飲み屋」として使うことは大好きだ。美味いもつ煮や揚げ物を、酎ハイとともに爽やかな風の駆け抜けるオープンテラスでいただける、極上の場所である……なんてことを考えていたらいてもたってもい

られなくなったので、早々に現地に赴くこととした。

最寄り駅から競馬場行きの無料バスが運行されているが、途中の地形を味わいたいので、JR浦和駅から徒歩で向かう。敷地に着くと、なんと競馬場は一般に開放されており、トラック内でさえ自由に入れるではないか！　もちろんここでの競馬開催中は入れないが、開催はどうも1カ月に数日程度のようだ。その他の日は公園として、そして他の地で開催されるレースの場外馬券売り場として、いろいろな方々のお役に立っているらしい。遠くスタンドから川をのぞき込めればいいや、くらいの気持ちで来たので、これはまことにうれしい誤算であった。

さっそく水面を見に行こうと、トラックを横断し、いざ中心部へ。トラックは意外なほど砂深く、普通に歩くのにも難儀するほど。ここを走る馬はどんだけ大変なのだろう。

トラックの内側は一面の草原となっており、それを一刀両断するようにまっすぐな川が続いている。川岸は波打つ鉄鋼で補強され、スパンと垂直に切り立っており、たいへんに人工的な匂いがするものの、青空を朗らかに映す水面がその無機質さを中和している。悪くない景色だ。

最も気になっていたのは、いったい川はどのようにしてトラックをくぐり抜けているのか、であったのだが……。普通に鉄鋼で蓋がされ、その上を飄々（ひょうひょう）とトラックが渡されている。かつての目黒競馬場の姿を想像するには、あまりに近代的すぎて少々拍子抜けしたが、きっとここを馬が駆け抜けていくさまを見れば、もう少しテンションが上がったに違いない。

とはいえ、この競馬場の北端を境にして上流は暗渠。この先の行程を考えると胸が躍るというものだ。「ギャンブルめし」（吉村はギャンブル場での愉しい飲食をこう命名している）で酎ハイをやっつけた後は、さっそく上流に繰り出そう。

たくさんの谷から流れが集まる川

この川の名は藤右衛門川、またの名を谷田川というらしい。関東平野の真ん中にあるので、さぞや平坦な土地かと思ったら大間違いで、現地は非常に凹凸のはっきりした場所であった。地形図を見ても明らかだが、たくさんの入り組んだ谷があり、もちろんそこには暗渠があった。ほうぼうの谷からの川筋がこの藤右衛門川に集約され、浦和競馬場を貫いている。

そんな一点（一筋）集約型の川だから、宅地化が進み、アスファルトが地表一面を覆った高度成長期以降、地域の人々はたび重なる洪水に悩まされていたようだ。『藤右衛門川改修記念わが街25年の歩み――谷田川河川史』という資料によれば、流域は「昭和三十三年には百八十戸・七百二十人で全体の九十パーセントが農地だったのに、七年後の昭和四十年には五百五十戸・二千三百人で全体の八十パーセントが宅地に変わってしまった」ほどの激変を遂げたエリアである。よって洪水リスクも急上昇、実際幾度となく水害は繰り返された。

地元の嘆願によって1973（昭和48）年に着工した雨水幹線工事は、ようやく1981（昭和56）年に完成。これを記念して発行されたのが、先に挙げた資料である。この記念誌には、紅白の垂れ幕に囲まれた記念碑や完成時のテープカットに臨むたくさんの要人、これを熱気ムンムンで大歓迎する浦和おどりやちびっこパレード、懇親会などの写真が多数掲載されており、いかに皆に待ち望まれていた暗渠化であったかを大変よく物語っている。

ではこの藤右衛門川の水系を俯瞰してみよう。

まず目が行くのは、あちこちに細かく刻まれる谷だ。浦和競馬場近辺は太田窪と呼ばれる場所だが、複数の谷がそれぞれにうねりながらこの窪へと合流してくるさまが見てとれる。ここでは、JR浦和駅方面から合流してくる短い川たちを「①日の出川水系」、JR与野駅付近から始まり浦和駒場スタジアムの南で合流してくる川たちを「②天王川水系」、これら以外に浦和競馬場から遡り浦和駒場スタジアムを抜けて北から東へと広がっている川たちを「③藤右衛門川本流（仮）水系」として、三つに大別して話を進めていこう。

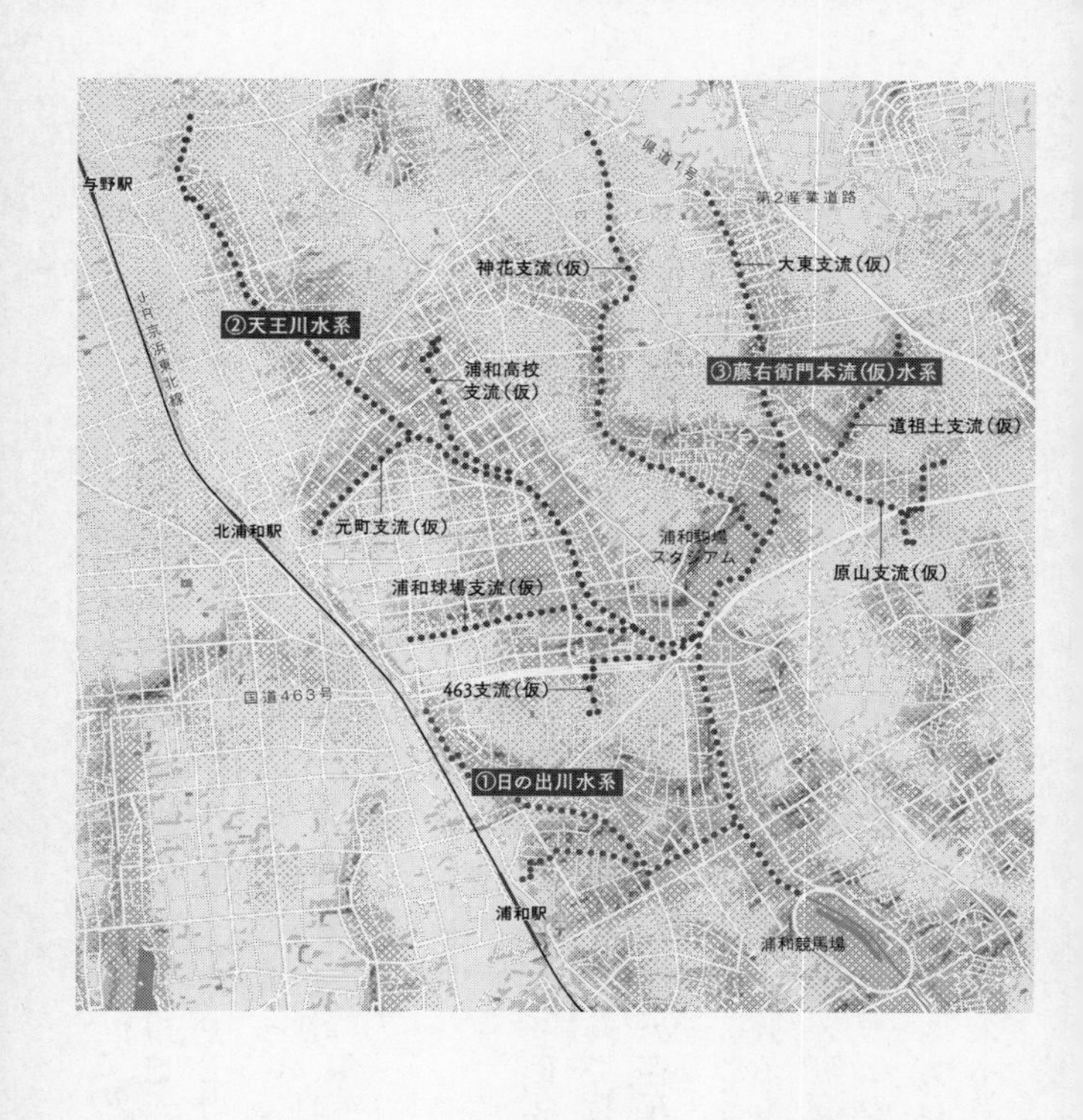

与野駅
県道1号
第2産業道路
神花支流(仮)
大東支流(仮)
②天王川水系
JR京浜東北線
浦和高校
支流(仮)
③藤右衛門本流(仮)水系
道祖土支流(仮)
元町支流(仮)
北浦和駅
浦和駒場
スタジアム
原山支流(仮)
浦和球場支流(仮)
463支流(仮)
国道463号
①日の出川水系
浦和駅
浦和競馬場

地図では代表的な川（暗渠）しか取り上げていないが、このエリアは谷の数だけ川がある、と言ってもよいくらい川の豊かな場所だ。ぜひ現地でそれらを見つけていただきたい。ここで使った呼称だが、①の日の出川、②の天王川という川名は、地元資料等にも多く記されているためそのまま使用した。③については、いくつかの資料に駒場落（こまばおとし）、神花川（じんが）といった表記が見られたものの、どこからどこまでを指すものか特定できなかったため、ここでは「本流（仮）」としている。

日の出川水系

日の出川水系で、地形から推定できる最も遠い水源はJR京浜東北線のすぐ東、本太（もとぶと）3丁目19番近辺だ。宅地とアスファルトの道路に覆われて特定ができないが、途中から車止めと金網に厳重に守られた蓋暗渠が出現し、川の存在を確かなものにしてくれる［写真1］。

もう1本もJR京浜東北線のすぐ東から始まると思われるもので、こちらはJR浦和駅のすぐそばだ。こちらも宅地化の波に呑まれて水源を特定することはできないが、東口の商店街の裏側、東仲町8番近辺ではないだろうか。この流れはほとんど道路と同化してしまっていて、谷底を探し伝う以外に暗渠を辿る方法はない。

これら2本の川は仲本小学校あたりで合流となる。仲本小学校は微妙な窪地に建て

[写真1] 尾根を走る京浜東北線の東の崖下に始まる日の出川。写真左には不自然な幅の歩道が続いており、上流の存在と行方を匂わせている

[写真2]「浦和球場支流（仮）」を天王川との合流点から少し遡ったあたりでは、施錠された暗渠が続く。金網の向こうの空虚さがむしろ川の尊厳を極立たせている

られており、おそらくは水が豊かな湿地のような場所であったのではないだろうか。合流後はまっすぐに整備された道路が続き、さらに川の痕跡を見つけづらくなる。そのうちここが本当に川跡だったのだろうかといささか不安になるが、途中に現れる「日の出川排水路工事竣工」の記念碑が正解を告げてくれる。

天王川水系

天王川水系で最遠の水源は、JR与野駅の東、上木崎4丁目2番、やすらぎホール与野のあたりまで辿ることができる。この天王川は現在「天王川1号雨水幹線」という雨水下水道に転用されており、途中の一部は「天王川コミュニティ緑道」として整備されているため、痕跡を追うことは容易である。

しかし天王川の面白さは、そこに流れ込んでくるおびただしい数の支流や、そのまた支流にあるといってよいだろう。主なものを挙げるだけでも、JR北浦和駅付近に発し、現在、元町緑道として整備されている「元町支流（仮）」、県立浦和高校を貫いて流れてくる「浦和高校支流（仮）」、市営浦和球場を貫いてさらに西に延びる「浦和球場支流（仮）」【前頁　写真2】、おおむね北から南へと流れる天王川に、国道463号線を越えてあらぬ方向から合流してくる「463支流（仮）」などがある。

「463支流（仮）」の上流端ではほんの少しだけ開渠が見られるが、あとはすべて暗渠となっている。その暗渠たちは実に表情が豊かで観賞性が高く、ところどころにいい塩梅で「断続」が仕掛けられているため、続きを探すパズル性も非常に高い。まるで暗渠愛好者のためのテーマパークのようなエリアである。

藤右衛門川本流（仮）水系

話は戻って、藤右衛門川が浦和競馬場を貫いた後の、暗渠が始まるところから。川は競馬場の敷地から10メートルほど、鉄骨はしご式開渠で続き、その名も「藤右衛門川通り」という道路となって上流に向かっていく。ちなみにこの道は、さいたま市の浦和区と緑区を分かつ区境暗渠である。この水系は、浦和駒場スタジアム付近でモミジの葉のように枝分かれするが、言い方を換えれば、あちこちからの水がこのスタジアム近辺にどっと集まってくるわけだ。おまけにここには地下水も湧いていたようで、スタジアムの駐車場には「駒場湧水」の表示板とともに石組みが残されている。

この水系の面白さは、何本かの支流水源付近で多く見られる開渠であろう。神花雨水幹線に転用されている「神花支流（仮）」の水源付近［写真3］、木崎4丁目32番に短い開渠が見られるほか、緑区原山方面に続く「原山支流（仮）」の水源付近の原山3丁目原山幼稚園あたりと、この支流のもう一つの水源付近である同じく原山3丁目11番、そして東を走る幹線道路「第二産業道路」に向かう「道祖土（さいど）支流（仮）」の水源、道祖土3丁目11番あたり。これらで、か細いながらも清流をたたえる開渠に出会うことができる。

しかし、このあたりの宅地化も近年特に進んでいる様子で、これらの景色が見られなくなるのも時間の問題かもしれない。「道祖土支流（仮）」の水源は現在コンクリートで固められた上に金網で周りを囲まれてしまっているが、つい数年前までは土の間から水が湧いているさまが見られたそうだ。水源付近で水をたたえていた釣堀も、宅地造成のためにきれいに消滅している［写真4］。

藤衛門川の「暗渠ＡＮＧＬＥ」

さて、ひととおり藤右衛門川のことを書いてきたが、最後に前章でご紹介した「暗渠ＡＮＧＬＥ」実践編として、この川を違った角度から眺めてみたい。

２２３頁の図のように、横軸は川（暗渠）の加工度の大小、そして縦軸は上流から下流への流れの進行度と設定した。当然川の長さは支流によってまちまちなので、水源地点を上端、他の川への合流点を下端とする相対的な進行度をとることとする。ここに、①日の出川水系は破線、②天王川水系は実線、③藤右衛門川本流（仮）水系は一点鎖線で、先に述べた支流＋αのそれぞれの主だった流れをプロットした。

こうしてみると意外と水系ごとの特色がよく表れるものだ。一点鎖線（③藤右衛門

[写真 3]「神花支流（仮）」の水源近くの開渠。写真手前が支流の最上流端で数十メートル先の県道を境に暗渠となる

[写真 4]「道祖土支流（仮）」の水源付近には道祖土園という釣堀があったが、近年宅地化のため消滅。2013（平成 25）年に現地を訪れると、折しも池を埋める工事中であった

川本流（仮）水系）は比較的加工度の低い左側に振れており、破線（①日の出川水系）は加工度が高い右側に張り付いている。つまり、一点鎖線＜実線＜破線の順で「都市化が進行している」ことがわかる。

それぞれの水系の位置関係を振り返ってみよう。

破線の①日の出川水系は、ＪＲ京浜東北線や浦和駅のすぐそばを水源とする「都市河川」であった。それゆえ、水源も流路も跡形もなく手を入れられていた。

実線の②天王川水系は、水源や各支流の位置はバラけてはいたが、いくつかは同じくＪＲ京浜東北線やその駅に近いところにあった。

最もＪＲ京浜東北線から遠いのは、一点鎖線の③藤右衛門川本流（仮）水系である。

「道祖土支流（仮）」の水源から最も近い駅である、ＪＲ京浜東北線の北浦和駅までは直線距離で２・５キロという、歩くには億劫な距離だ。しかし、鉄道からは遠くても「道祖土支流（仮）」をはじめ、この水系の支流たちは第二産業道路、国道４６３号線、県道１号線など、幹線道路に囲まれている。それなのに、この結果である。鉄道や駅の持つ絶大な都市開発パワーを再認識できる。

今回の藤右衛門川では、都市化の進行度の違いをつくる要因として、鉄道施設との強力すぎる（または、当たり前すぎる）関係が確認できたが、これ以外には、鉄道以外の交通インフラの違いはもちろん、行政管轄の違い、開発時期の違い、元来の土地条

藤右衛門川の「暗渠 ANGLE」

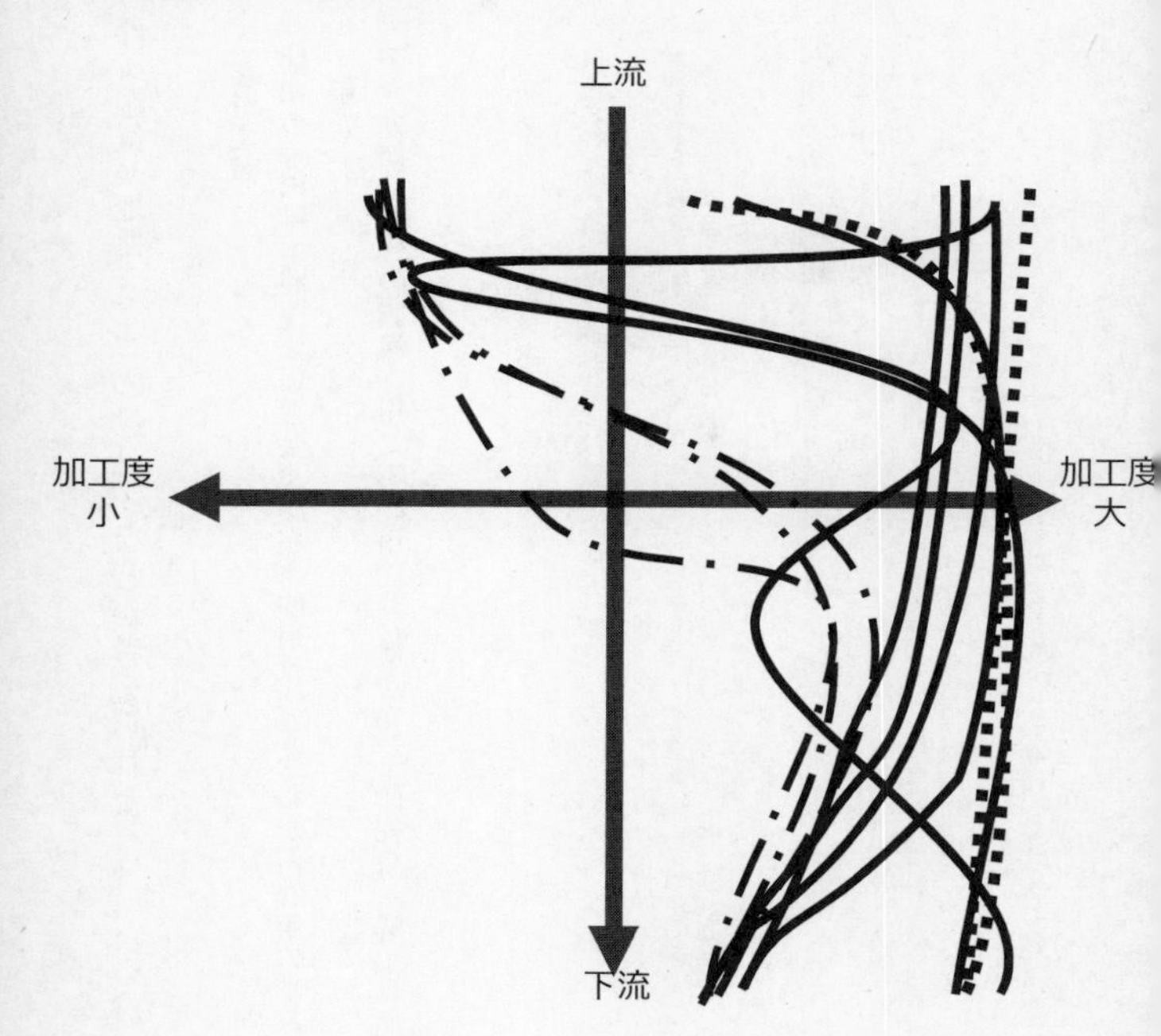

水面を隠していない		水面を隠している		
レベル 0	レベル 1	レベル 2	レベル 3	レベル 4

件（湿気や地盤など）の違い、などが考えられよう。

［参考文献］

浦和市谷田排水路改修促進会『藤右衛門川改修記念わが街25年の歩み——谷田川河川史』1982年

田丸太郎「近代の羅漢寺川（不動川）」（目黒区郷土研究会「郷土目黒」第41集所収）

東京・下北沢　暗渠で味わい直す、思い出の街　髙山英男

俺のシモキタ・再解釈の旅

東京都世田谷区、小田急線と京王井の頭線が交わる下北沢駅を中心に広がる街、シモキタ［図1］。私は、ここで大学生の多感な時期を過ごし、何回かの引っ越しを経てアラフォーを迎える頃に舞い戻り、都合15年間ほど暮らしていた。時は1980年代の昭和の終わり、そして2000年代・平成半ばの頃である。どちらの時代も住まいの最寄り駅は井の頭線新代田駅・池ノ上駅と、下北沢駅から一つ離れてはいたものの、下北沢までの駅間距離は500m程度。ずっとシモキタの外縁から賑やかなシモキタ中心部に行き来していたので、いい塩梅に下北沢エリア全体を俯瞰して眺めていたとも言える。

暮らしていた時分には、とにかくよく歩き回った。特に学生時代は栃木の田舎から東京に出てきたばかりだったから、朝に昼にそして夜中に、持て余す暇を使っては徘

徊し、はじめて住む東京という土地を自分の足と眼で理解していった。GPS(Global Positioning System・全地球測位システム)どころか携帯電話もない時代であったので、いまどこを歩いているのかわからなくなることも多かった。しかしだからこその愉しみもあった。家に帰るとB5判の東京23区ロードマップを広げ、歩いた道を思い返しながら初めての道を赤ペンでなぞっていくのだ。そうやって東京を把握していった結果、下北沢エリアは真っ赤に染まることとなり、そこが「俺のシモキタ」になっていったのである。

でもそれは、暗渠の道に入る前のこと。ここで改めて、当時の自分のシモキタの思い出に、その後私に備わった暗渠レイヤーを重ねて再解釈してみてはどうだろう。なんだか面白いことが起きそうではないか。というわけで、想い出がたくさん詰まった街「俺のシモキタ」を、今改めて暗渠目線で歩いてみた。

新代田方面からシモキタへ　だいだらぼっち川が作る谷

まずは学生時代に住んでいた新代田駅付近、羽根木1丁目から下北沢中心街へのアプローチ。よく歩いたのは、急峻な谷越えコースだ。環状七号線を東に越えるとなだらかに下り坂が始まり、代田6丁目、新代田駅と下北沢駅の真ん中あたりで谷のどん底に落ちる。そして目の前に立ちはだかる坂を這うように登って下北沢駅に向かう。

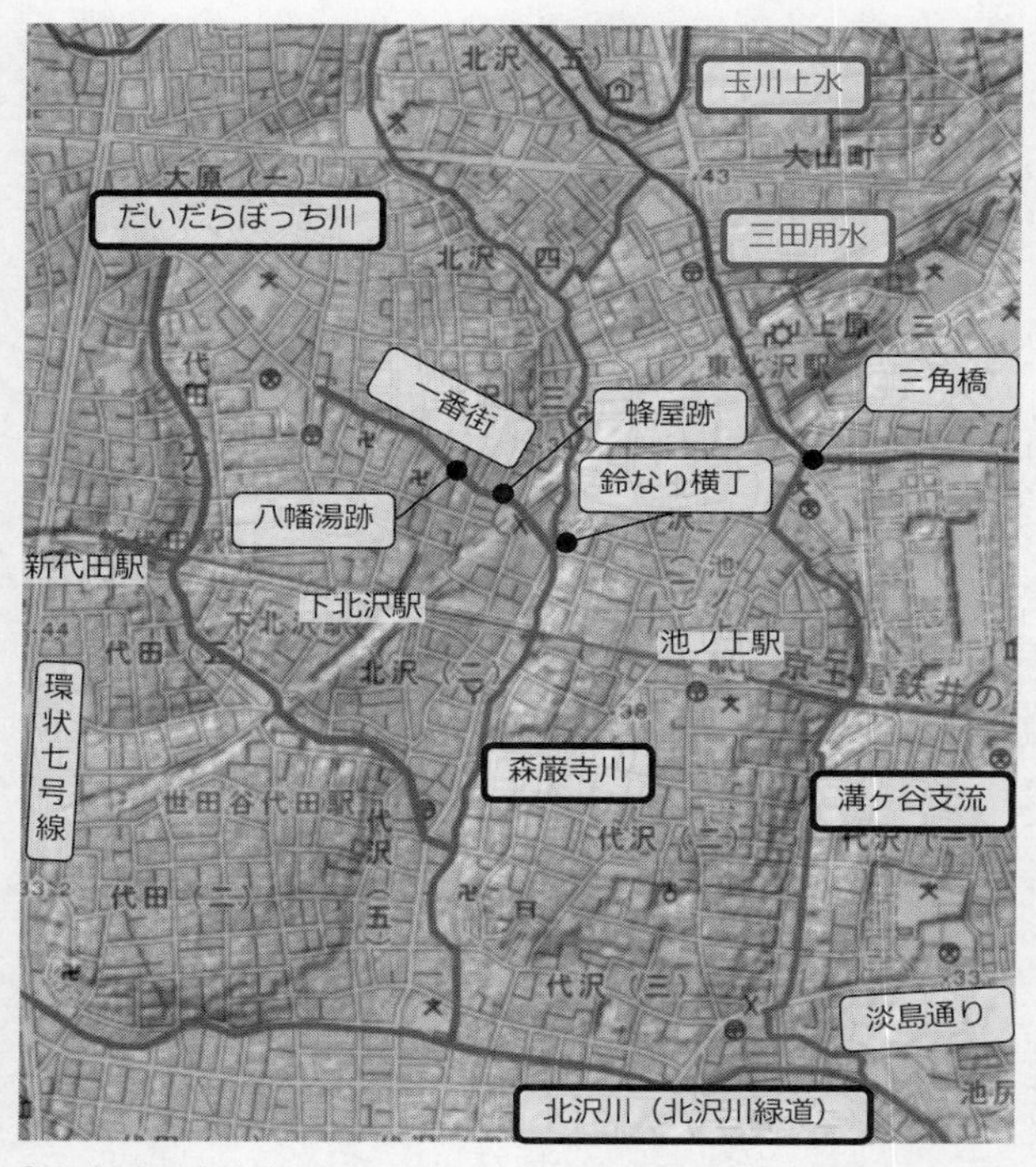

［図 1］小田急線東北沢駅〜世田谷代田駅、京王井の頭線池ノ上駅〜新代田駅を軸とするシモキタエリア。何本もの川が作った谷が下北沢駅を幾重にも取り囲んでいる（凹凸は陰影で表現：地理院 web を元に加工）

学生時代はたった500mに払う電車賃が惜しくて、いつもここを歩いて行き来していた。重い荷物を抱える時などまさに苦行のようなV字谷往来だったが、高低差のほとんどないのっぺりした町で生まれ育った私は、しんどいと思いながらも毎回アトラクションのように愉しんでいた節もある。

そんななじみ深い道であるというのに、当時はこの谷についてなど考えたこともなかった。いや、谷であるとさえも認識できていなかったはずだ。ただ目の前にある坂道を、息を切らせて降りて登るだけだった。

しかし今ならわかる。ここは、だいだらぼっち川と呼ばれる川が刻んだ谷なのだと【写真1】。私はいつもこのだいだらぼっち川を渡って家とシモキタを行き来していたのだと。

いつもの谷底から谷伝いに数百m北上したところに、「だいだらぼっち（伝説上の巨人）の足跡」と言われる窪地があり、そこに湧き出る水がつくった川がこれだ。1970年前後の住宅地図にはしっかり川として載っているが、私が歩いていた頃はすでにアスファルトできれいに舗装され、跡形もなかった。「暗渠ANGLE」（178頁）でいえばレベル3の暗渠である。

そういわれれば、くねくねと道が蛇行していたこと、そして下北沢側の川の左岸はカミソリのように切り立った石垣が高くそびえていたことも合点がいく。当時何も考

［写真1］だいだらぼっち川暗渠の路面はすでに痕跡は皆無。しかしその蛇行と深い谷が、川の記憶を刻んでいる

［写真2］だいだらぼっち川が京王井の頭線と交差するところに顕れる「暗渠ＡＮＧＬＥレベル１」。まさかこんなところに開渠があろうとは。きらきらする水面はまだ川が生きている証拠

えずに受け入れていたそれらの街の様子は、ずっと川だったことを静かに訴えていたのだった。ああ、キミのその声をわたしはずっと聞くことができなかった。声を上げていることさえ気付かない愚か者だったのだ。許しておくれよだいだらぼっち。

少し下流に進んで京王井の頭線と交差するところで金網をのぞき込むと、新代田駅方面から流れ込んでくる支流暗渠との合流をほんの少しだけ開渠でリアルに見ることができる［前頁　写真2］。これは「暗渠ANGLE」レベル1ではないか。こんな都心近くでこんな光景が見られること自体奇跡に近い。

私が毎日歩いていた頃のここはどんなだったろう。金網はすでにあったのだろうか。あわよくば新代田駅から続く開渠支流が見えたのではないだろうか。ああ、あの頃暗渠目線を持っていれば、確かめたかったことがたくさんあるのに。

一番街、川跡妄想ストリート

一番街（下北沢一番街商店街振興組合）の通りも学生時代によくうろついていた。その理由の一つは、シモキタで最も通った蜂屋という食堂があったからだ。すべてのメニューが衝撃の低価格で、記憶にあるのは「ラーメン150円、餃子100円、ライス80円」などなど。小田急線の踏切そばに、間口狭く斜に構えるように建っていて、カウンターの向こうでは不機嫌そうなおっさんたちがタバコを咥えながらがっしがっしとフライパンを操る、ちょっとヤサグレ系の独特な店だった。

もう一つの理由は銭湯。学生時代は部屋に風呂がなかったから、最寄りの銭湯が休みの日には、一番街のまんなかへんにあった八幡湯まで汗を流しに来たものだ。その他この通りには、数軒のクリーニング屋さんや氷室があったのも憶えている。

後年、妄想かもしれないが実はここにも川があったであろうと考えるようになった。暗渠目線で現地を歩くとわかるように、ここ一番街の通りの裏は左右とも小高くなっており、商店街が谷底だ。古地図には細い谷戸に田んぼが広がっており、おそらく用水路的な水路もあったろう。そう、ここにある銭湯や氷室は、暗渠サイン（79頁）であったに違いない。

そんな確信を抱きつつ久しぶりの一番街を散策してみる。氷室はまだ健在。クリーニング屋さんの一つは、ファサードはそのままにしゃれた料飲店に変わっている。お世話になった八幡湯はすでに廃業、古着屋となっていた。少し哀しい気持ちで店の外観を眺めると、「NEW YORK JOE」という店名が掲げられているのに気付く。その店名を何度かつぶやきながら、中に入って足元に目をやれば、ちょっとレトロなタイル貼りの床。おお、これは銭湯・八幡湯の名残ではないか。そう、店名はまさに「入浴場」跡地に開業したことに由来し、内装の一部も当時のものを意図的に遺しているようだ。業態は様変わりしたとはいえ、いまでも知る人ぞ知る暗渠サインとしてここに建ってくれていると思うと、何やらにんまりしてくる。

さて一番街の端っこの蜂屋だが、惜しむべきことに昭和の終わりには店を畳んでしまったらしい。もう一度この暗渠メシ屋のカウンターに座り、水面を想像しながら腹いっぱい食べてみたかった。たしか350円で店内最高額であった天津丼も、オトナになった今ならなんの躊躇なく注文できたはずだ。

溝ヶ谷で、知らずに触れてた川のアイデンティティ

私のシモキタライフ後半戦・アラフォー時代に暮らしたのは井の頭線池ノ上駅のさらに東である。225頁冒頭で記したエピソードはこの時のものだ。不動産屋がつぶやいた「暗渠」という言葉。漂う湿り気、白い車止め、地下から響く水音。そういえば、ここの町内会のようなものは「ハッピーバレイ」と名乗っていた。そうだ、はす向かいの坂のたもとの土に穴が空き、そこに冬眠中の大きなウシガエルが出てきたこともあったっけ。当時の私にとって、これらは折々に感じる個別の生活事象にすぎなかった。

今ならわかる。すべて一貫しているのだ。それらすべてが川のアイデンティティであったのだ。ここは溝ヶ谷支流（池の上川）と呼ばれる北沢川の支流のひとつだ。北沢1丁目とそこに隣接する目黒区駒場4丁目の東京大駒場Ⅱキャンパスとの間に深い

[写真3] 北沢1—4、溝ヶ谷支流上流から下流の井の頭線を望む。溝ヶ谷の谷を線路の盛土が分断し、独特の「スリバチ地形」が形成されている

[写真4] 溝ヶ谷支流最下流で見られる希少スポット、「暗渠ANGLE」レベル2のコンクリ蓋暗渠。第二淡島湯跡隣以外でも断続的に見ることができる

谷を刻むこの川は［前頁 写真3］、京王井の頭線を越えて代沢1丁目の西端を南下し、淡島通りを過ぎて池尻4丁目で北沢川に合流する。途中淡島通りの手前では、大正時代までは東西10m、南北70m程度の細長い池となっていたという記録もあるから、なかなかの水量があったのであろう。

流域は暗渠的な見どころも豊富だ。上流端の、三田用水からの分水を受けていたといわれる付近には、すでに水面はどこにもないのに「三角橋」というエア暗渠サインともいえる交差点名が道路標識に残っている。また下流に近い池尻4丁目エリアでは、第二淡島湯（2017年閉店・2022年解体）の横など数カ所で「暗渠ANGLE」レベル2であるコンクリート蓋暗渠が見られるのも魅力だ［前頁 写真4］。

訳あってこの地の暮らしは私にとって辛いものだったのだけど、住んでいた当時にこの溝ヶ谷支流のアイデンティティに気づいていたなら、もう少しこの土地が好きになれたかも知れない。

森巌寺川と北沢川緑道

池ノ上から下北沢駅に向かうまでには、もう一つの谷がある。といっても先述の新代田側からのアプローチのように厳しい谷ではなく、池ノ上から緩やかに下り、下北沢駅に向かってまた緩やかに上る谷だ。谷底には有名な小劇場「下北沢ザ・ススナリ」や飲食店街「鈴なり横丁」がある。下北沢は演劇の街としても有名だが、演劇のヒトではなかった自分にはここは無縁の場所だった。鈴なり横丁などは（完全な偏見だとお断りした上で）「熱い演劇人が集まって毎夜激論を闘わせている。なんなら殴り合いなんかにもなっている」イメージがあって、むしろ近づくのは避けていたくらいだ。

［写真５］森巌寺、鈴なり横丁以下の下流に顕れる暗渠サイン、駐輪場。1984 年住宅地図ではここはまだ開渠だったところ

ともあれ。この鈴なり横丁の目の前を森巌寺川という川が流れていたのである。この川はシモキタの北、北沢５丁目から井の頭通りを越えて流れてくる川で、途中一番街の川とだいだらぼっち川を合わせ、代沢３丁目の森巌寺の西を掠めて代沢小学校横で北沢川に合流する。手もとにある１９８４年の住宅地図を見ると、鈴なり横丁のすぐ横から約２５０ｍの区間だけしっかりと開渠で描かれており、当時知っていれば絶対に確かめに行ったのにと、約40年の時を経て後悔の念を募らすばかりである。悔しい。

しかしいまでも見どころはしっかりあって、

その開渠部分であったところには駐輪場、そしてその下流には夥しい数の車止めなど、暗渠サインもたくさん見ることができる【前頁 写真5】。また何よりも、暮らしている頃は単なる暗い裏道としか思っていなかった小高い崖の下に続く細い路地が、That's 暗渠とも言いたくなるほどの侘び寂びを醸しているのである。

「暗渠メガネ」で現れる新しい街の魅力

森巌寺川、そして溝ヶ谷支流は北沢川に合流し、やがて東急田園都市線池尻大橋駅の西で烏山川と合わさって目黒川となる。そこまでの北沢川の姿は、せせらぎを再生した親水設備付きの「北沢川緑道」となっており、「暗渠ANGLE」では最も加工度が高いレベル4だ。ここで強調したいのは、縷々述べてきた通り、レベル1からレベル4までのさまざまな「暗渠ANGLE」が、この決して広くはないシモキタエリアに全部揃っているということである。さらに、あちこちでさまざまな暗渠サインも確認できることも含めれば、このエリアはあたかも「暗渠のショウケース」と言えるだろう。

シモキタは、よくよく暗渠的に恵まれた場所だったのだなと、今さらながら思うのである。暗渠という視線に気がつけば、すなわち「暗渠メガネ」を手に入れたなら、シモキタは今まで以上に味わい深い、「もっと俺のシモキタ」へ変わるのだ。

2013年の小田急線下北沢駅地下化を皮切りに、この10年でシモキタは目まぐるしく変貌を続けている。薄暗い屋根の下小さな商店がひしめき合っていた下北沢駅前食品市場は消滅し、かつての小田急線跡には、「下北線路街」として「ボーナストラック」、「リロード」をはじめとした商業施設が次々とオープン。京王井の頭線の高架下には、2022年に「未完地帯」として今後もまだまだ変化し続けると宣言するように複合商業施設「ミカン下北」が開業した。下北沢は、大資本によって新しく上書きされ続けている。

しかし。実は街の魅力は、自分の見方ひとつで更新することができるのだ。あなたが知り尽くしたあなたの街でこそ、ぜひ一度暗渠メガネをかけてみることをお勧めしたい。

［参考文献］
今津博　田中一亮『昔の代田』2007年
佐藤敏夫『下北澤通史』1986年
ゼンリン住宅地図　世田谷区　1984年
［ウェブサイト］
『下北沢経済新聞』「下北沢の銭湯跡にリサイクル店——「入浴場」から「ニューヨーク・ジョウに」2010年9月30日
世田谷区HP

神奈川・横浜　おとぎの国を流れる入江川

吉村生

入江川は、横浜市東方、神奈川区と鶴見区を流れる川だ。わたしはこの川に、なぜか「人魚」のイメージをもっていた。海に近いからなのか、「入」と「人」が似ているからなのか。流域に人魚伝説があるわけでもない。そのかわり、別のおとぎ話が存在している。

なんにせよ、個性的な川である。入江川には、大きな特徴がふたつある。1つめは浦島太郎伝説の舞台であること。2つめは、支流がやたらと多く地形が複雑であることだ。おとぎ話の絵巻物をめくるように、この2つの特徴と中世から現在までの風景を描きながら、この入江川の物語を進めてみよう［図1］。

入江川と浦島太郎伝説

入江川および支流の足洗川(あしあらい)流域周辺では、浦島伝説の継承と盛り上げがさかんだ。特に力を入れているのが浦島小学校で、校長が教育のためにと冊子にまとめ上げたの

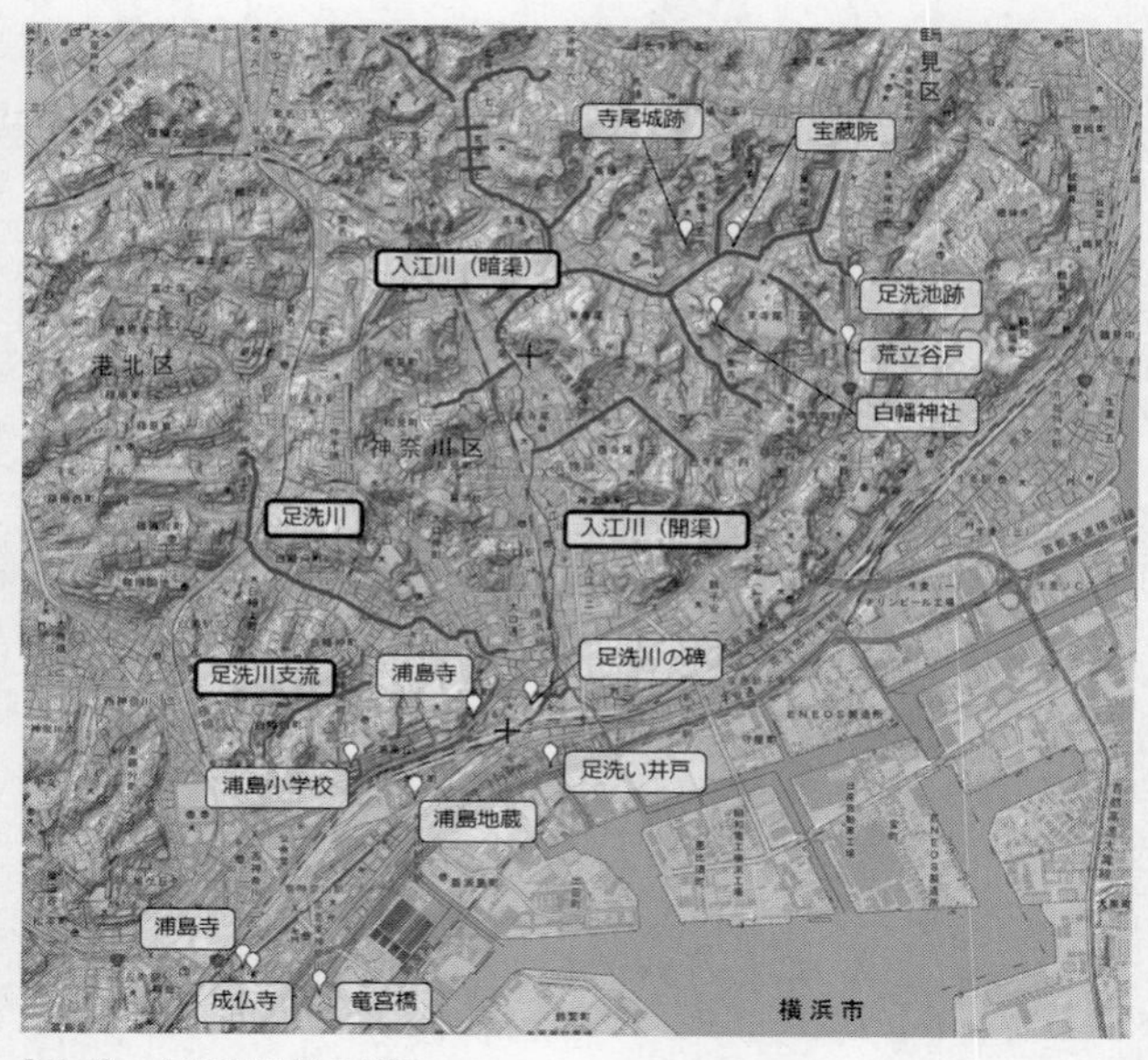
寺尾城跡
宝蔵院
鶴見区
入江川（暗渠）
足洗池跡
荒立谷戸
白幡神社
港北区
神奈川区
足洗川
入江川（開渠）
足洗川の碑
足洗川支流
浦島寺
足洗い井戸
浦島小学校
浦島地蔵
浦島寺
成仏寺
竜宮橋
横浜市

[図 1]　入江川流域の地図

は、1929（昭和4）年のことだった。当時の小学生らが小遣いを貯めてセメントを買い、浦島モチーフである亀の子滑り台（現存する）を作成したのが1931（昭和6）年である。

浦島伝説は北は青森から南は沖縄まで全国各地にあるが、実は少しずつ違いがある。横浜市神奈川区に伝わる浦島伝説では、太郎の父が相模国出身という設定だ。太郎が亀を助けた場所は京都付近で、お礼に竜宮城へ案内される。地上に戻ると300年が経過していて、太郎は途方にくれ、父母の墓がある白幡の峰（神奈川区）にやって来て住むようになった、という終わり方である。

太郎が父母を弔うために建てたのが観福寿寺（かんぷくじゅじ）だが、焼失している。太郎を弔った供養塔があるのが蓮法寺で、太郎が竜宮城から持ち帰った観音様が祀られているのが慶運寺。観福寿寺が火事になり慶運寺にお地蔵様を運ぶ途中、急に重くなって動かなくなった場所に浦島地蔵があり、その地名はなんと「亀住」町という。成仏寺（じょうぶつじ）には太郎が竜宮城を思い出して涙を流したといわれる涙石がある。西蓮寺には太郎が足を洗ったといわれる足洗い井戸と、太郎のお墓である浦島塚があったが、井戸のみ現存する。少し離れるが「竜宮橋」もある。

これらが集中するのは神奈川区の浦島地区であり、駅でいえば京浜急行東神奈川駅と神奈川新町駅の中間だ。入江川下流部はそのエリアの低地を這うように存在する。

［写真１］　足洗川の碑。以前は居酒屋「養老の滝」の一角だった

支流である足洗川［写真１］では、浦島太郎が足を洗ったそうだ（足洗川で足を洗ったとされる人物は六条中将有房卿など他にもいる）。ちなみに入江川支流の水源である二反田谷戸には、源頼朝が足を洗ったといわれる（頼朝の馬の足説もある）足洗池がある。

足洗の井戸、足洗川、足洗池……伝説の信憑性はともかく、この地では足を洗う人が多すぎやしないだろうか。東京の暗渠の水源になる池では、「鎧」（新宿区、鮫川の水源の一つ鎧ヶ池）や、「ムチ」（新宿区、紅葉川支流の水源である策の池）など、武将が道具を洗う事例のほうが多い印象である。

幻の城、寺尾城

浦島太郎の物語で最も華美なシーンはやはり、竜宮城のくだりであろう。竜宮城がどこにあったか、神奈川区の物語では明らかにされない。しかし、入江川流域にはまた別の幻の城がある。中世に存在していたらしき、寺尾城だ。ここでは、寺尾城と、その頃の武士のいた谷戸の風景を描いてみよう。

横浜市鶴見区馬場3丁目、殿山あたりが寺尾城址といわれる。いつ誰が築いたのか、定かではない。が、文献からは信濃の豪族諏訪氏の流れの人物という説が濃厚だ。またその終焉は安土桃山時代、武田軍による落城とされている。

世は戦いが繰り返される戦国時代。入江川流域にある地名「馬場」は、沼地を馬場にし、乗馬の訓練に用いた場所と推測されている。もちろんその沼は入江川水源の一つだろう。付近には「鎧ケ池（よろいがいけ）」という池があったともいわれる。寺尾城落城の際にそこに鎧や兜（かぶと）を投げ捨てたとか、鎧を洗っていた、武具を収める矢倉があった、など、由来は諸説ある。

こういった伝承は、本当のところはわからないものだ。しかし、たしかに武士たちはいた。ある時期までは文献から所在を推測されていただけの寺尾城だが、初めて発掘調査が入った1994（平成6）年、城郭遺構と中世城郭の空堀が確認されたのだ。

寺尾城は、入江川を見下ろす位置に建っている。とはいえ中世城郭なので、砦か、簡素な建物があったに過ぎないはずだ。付近の入江川は建功寺川とも呼ばれ、武士が血のついた刀を洗ったという伝承が残る。中世城址にとって河川は外濠の役割を果たすため、合戦時に入江川は防衛上の要所であったろう。谷戸と簡素な城、広大な自然と行き来する武士。武士たちはさまざまな思いで入江川を見つめ、あるいは渡ったことだろう。

浦島太郎が向かった竜宮城は、あるとするならば海の方角だし、現実味が乏しい。いっぽうこの寺尾城は、不明点も残るが、存在はしていた。もしも中世武士の気分で入江川を歩きたくなった時には、北極星のように寺尾城の位置を押さえつつ、城を攻める／守る気持ちで、歩き回ってみるといいかもしれない。

複雑な地形を流れる豊かな川

入江川は、紹介しきれないほどに多くの支谷（しこく）と支流をもつ。地形も複雑極まりない。最大支流は入江川右支川であり、これが前述の建功寺川だ。本流も一部をバチゲト川（三味線のバチの形をした池があったため）、デイダ川（付近にあった窪地がデイダラボッチの足跡と言われていたため）、などの別名で呼ばれることがある。それらの川と、流れる水の清冽さ、人が住み田畑のある風景に、思いを馳せてみよう。

入江川の水源となる湧水池は数多くあった。既述の足洗池や鎧池のほか、白幡神社の北方には鍛冶屋敷があり、その近くの湧水池が鉄を鍛える際に使われたといわれる。宝蔵院、小鳥が丘、成願寺谷戸、向谷戸、荒立谷戸、二反田では湧水で天然氷を作っていたことがあるそうだ。これらの殆んどが現在は枯れているが、宝蔵院では、寺の後方で水が湧き続けている。

明治時代の地図をみると、ため池状の池が複数存在する。これらの池の水は田んぼに流れ込んでいた。流れは入江川支流となり、その川幅は2～3mで、ところどころ、田んぼに水を引く堰があり、子どもが遊び、大人は野菜を洗った。フナやドジョウ、ウナギ、シジミ、タニシ、エビガニ（ザリガニのことを少し前の人はこう呼ぶ）、メダカなどがいた。清らかな水にしか生息しない、サンショウウオやミヤコタナゴがいたという話もある。入江川の水は水温が低く、稲作にはあまり向かず痩せた田んぼが多かったそうだが、いきものは豊かだった。中世の武士が闊歩していた頃よりも、穏やかで閑かな山村のイメージがひろがってくる。

閑かな農村だった流域には、大正末期頃から住宅が増えはじめる。にぎわいと引きかえに水は汚れ、魚が姿を消す。水田は1970年頃までにほとんどなくなり、川は水の行き場をうしない、洪水が増えるようになった。湧水にかわり、一般家庭からの排水が水源となった。入江川から人は遠ざかり、住宅地と汚水の、まるで違う風景が上書きされていった。

中流部、大改革をされた川

現在の入江川を歩いていると、上流部と、中流部（暗渠区間）、開渠になってからの区間では印象がくっきりと変わる。いまや水源なき上流部は野生的で素朴、ぼうぼうと草の生えた立入禁止区間であるものが多い［写真2］。いっぽう入江川および右支川の中流部は、石積みの間をとうとうと流れる小川に植栽と、かなり整備がされている。

入江川の暗渠化は昭和50年代のことだった。昭和40年代に先述の水質汚濁が進行し、1978年に下水処理場が稼働を開始。水質は改善したものの、湧き水はなくなったため水が枯れてしまうという事態まですすんだ。この頃のものか、護岸にわさわさと草が生え、汚水が流れ、いかにも近寄りにくそうな写真が残っている。

1990年代になると、横浜市の暗渠の特徴でもある「せせらぎ緑道」の取り組みが始まった。入江川も「建設省の水循環・再生下水道モデル事業」の舞台となり、横浜市が推進して1997年にせせらぎができた。せせらぎ緑道は、地上のせせらぎに下水処理場で高度処理された水が流れ、地下に下水道管がある二重構造になっている。

つまりはフェイク川なのだが、以前の姿を考えれば、近隣住民はずっと近寄りやすくなったことだろう。再生水とはいえ、フナ、金魚、メダカ、グッピー、マハゼ、さらには清流魚のオイカワ、モツゴ、ホトケドジョウまで観測されたという（誰かが放ったのだろうけれど）。今、せせらぎ緑道の部分の入江川には、いついっても、散歩する大人と遊ぶ子どもがいる。親子連れがいそいそとザリガニをとっている時もある。

入江川は、蘇った。それはまるで手品のようで、「せせらぎ緑道」の区間はほがらかで華やかで、しかし本当の姿ではないもので、浦島太郎の物語でいえば、竜宮城のようなものなのかもしれない。竜宮城からは、いつかは出ていかなければならない。

最下流部、時が止まった場所

入江川は途中から開渠となる。せせらぎ緑道が開渠に切り替わる地点は、テーマパークの装置を背後から覗き見るような雰囲気を持ち、なんともいえない強い裏側の風情を持っている。境界でもあり、いわば竜宮城を出る地点である。そこからは、コンクリートばりの、人を寄せ付けない、ただし汚くはない、現代の都市河川となる。こちらが現実なのだろう。

そのまま下ってゆけば、入江橋に出る。その先、子安付近、埋立地の手前にかつての海岸線がある。入江川はまだ終わっておらず、派川（はせん）が縦横に伸び、第二派川から第四派川まで全て一直線の、川というより運河の様相で水面をさらしている。冒頭で触

[写真2] 入江川上流部分は概ねこういう風景。フェンスに囲われた長細い立入禁止空間だ

[写真3] 入江川下流部。ここがかつての海岸線でもある。日本ではないアジアのどこかのよう

れた浦島伝説のある浦島地区から、ちょうど下りてきた位置だ。

そこにはさらに、異世界がひろがっていて目を見張った。ここは日本なのだろうか? そう思わせられる、船と小屋が雑然と並ぶ光景。漁船がつながれ、中には沈みかけた廃船も混じっていた［前頁 写真3］。怖いほどに物音がしない。この場所だけ、宙に浮いたような違和感がある。

1991年1月24日の読売新聞では、「沈廃船の悲鳴が聞こえる」というタイトルで、入江川が記事にされていた。その記事でも船の墓場と呼ばれ、びっしりと沈廃船が並んでいる。そしていよいよ船の引き上げ作業が始まる、という内容であった。時が止まっているのか、この場所は、今もその時と変わらないように見える。

さらにいえば、昔、ここに入江川は流れていなかった。入江川の流路は、実はずいぶんと変化している。明治までは、入江橋の位置で海に注いで終了していた。大正以降に海岸線の南東が埋め立てられ、埋め残しが入江川となり、その結果入江川は浦島伝説エリアまで延びてきた格好となった。

浦島伝説ばりに切り貼りを重ね、作り変えられてきた入江川。今、本当の意味で川の原形を止めている場所など、どこにもない。

入江川の最下流部は大正時代にでき、そして昭和に「船の墓場」となった。令和にも、その昭和が残っている。神奈川の浦島伝説では、太郎は玉手箱を開けなかった。

同じようなことなのか、ここでは昭和から時間が止まり続けている。

「足を洗う」。それは、あちらの世界からこちらの世界にやってくる、ということだ。ここでは、海と陸のことをさすのかもしれない。入江川下流部は、まさにかつての海岸線。加えて、浅瀬で事故の起きやすい場所であったという。あの世とこの世の強烈な境界が、ここに存在していたのではないだろうか。

現代では、新たに作られた境界が、何かと何かを隔てる。実際に入江川流域、そして足洗伝説の地を歩いて感じたのは、さまざまな境界性であった。入江川を歩くこととは、人間と魚の入り交じる人魚となって、それらを行き来するような行為なのかもしれない。

［参考文献］

「横浜市立浦島小学校　創立100周年記念誌」2019年
財団法人横浜ふるさと歴史財団「寺尾城址発掘調査報告」横浜緑政局、1994年
「歴史読本てらお」横浜市寺尾小学校創立50周年実行委員会、2005年
横浜市立浦島小学校「わたしたちのまち　浦島」2020年

COLUMN 6 絶景哉、ギャンブル暗渠酒

吉村 生

江戸川のボートレース場に行ってきた。川とボートレースと飲食を愉しむために。しかしその日は強風のためボートレースは中止だった。そういえば弟が、「一番おすすめの競艇場は、江戸川。なぜなら他と違って自然河川の中にあるから。風が吹くとしょっちゅう中止になるところが、風情があっていい」と言っていたのを思い出した。それが今日、というわけだ。

こんなに遠くまで来たのに、ついてない。場内の店もないに等しいので、早めに切り上げることにした。

すると、道を挟んだ向こうに、すてきな場外食堂がある。看板の矢印に導かれるように「富士食堂」へと入ることにした。古びてはいるけれど、掃除がゆきとどき、とても良い雰囲気。屋外の席があったので、迷わず座る。

屋外席はおでんや焼き鳥が目の前で調理されるので、肌寒い日にちょうど良さそう。

冷蔵庫の中にはいろんな小皿が入っていて、たまらない。ポテサラ、もつ煮、レモンサワー。ポテサラは芋が適度にねっとりとしていて、ベーシックな構成。ゆえに他店よりも美味さが際立つ。コースターが布製の手作りっぽい感じで、丁寧に洗濯してあるのもたまらない。美容室みたいに洗われた布巾たちがピシッと干してあって、気持ちの良いこと。続いてハムカツがやってくる。もちろんサクサクの揚げたて。ソース、醤油の他に辛子とマヨネーズという選択肢を与えてくれるのが良い。レタスの千切り×カイワレという付け合わせもまた、さりげなくこの店の株を上げている。

さて今いたテラス席、なぜかフェンスに囲まれているのだ。お店を出ると、車道と歩道の脇にフェンス、そしてフェンスと家々の間に道。これはもう暗渠でしょう。ということは、富士食堂のテラス席は暗渠上で飲める席ということになる。その暗渠を辿っていくと、バス乗り場のところに橋跡があり、水も流れている模様。富士食堂はかなり総合力の高い暗渠居酒屋といえるのだった。

また別な日、府中競馬場に酒を飲みに行った時のこと。昭和の東京で、「中華そば30円」などと書かれた看板が目を引く商店街の写真がよくあるが、それとなんら変わらない雰囲気のオケラ街道が西門にある。ここで、あるものに気づいた。「千鳥」という店の下に暗渠が見えたのだ。後ろを振り返ってみても、間違いなく暗渠。そしてフェンスの向こうは開渠のようだ。府中といえば、眩暈（めまい）がするほど網の目状に張り巡

店内を走る蓋暗渠、こりゃたまらない

らされた府中用水があるところ。これは市川用水と呼ばれる、府中用水の主流路の一つのようだ。傍らには「立小便厳禁」。トイレだと思う人もいるのかもしれない。

千鳥で店の下にもぐった暗渠は、飲み屋さん数軒の下をくぐって流れていく。さらに下流に行くと、ややカーブして競馬場に入っていき、あとはもう追えない。

ん、待てよ。飲み屋さんの真下を川が通っている、ということは……お店をのぞいてみると、店内にコンクリ蓋暗渠が見えている！　目がまん丸になりながら、まずは「みなみや」で飲むことにする。店に入ると、店員さんが「いらっしゃーい、どうぞ、奥のテレビの近くに座ってね～」と言ってくださるのだが、可能な限り入口側に座る。ポテサラとモツ煮、ビール。このポテサラ、ベーシックに美味い。ビールをちびり。コンクリ蓋暗渠をチラッ。続いて、銀ムツの煮つけと熱燗。煮つけが絶妙に美味だった。菜っ葉に煮汁を十分に絡ませて口に運ぶ至福。と、暗渠で眼福。惣菜の並ぶケースを見るふりをしながら、またチラッチラッ。

そろそろ帰ろうかという頃、外の景色が一変する。最終レースの時間帯に合わせてオープンエア席ができるのだ。各店、ここで本気を出し始めるようで、焼き鳥の煙が昼間の数倍増しくらいになっている。人がどんどん店に吸い込まれ、最初「みなみや」で座ることのできなかった蓋暗渠の真上席にも、この時間なら座れるみたい。帰ることができなくなってしまい、今度は「南里」の外席にどっかり。モロキュウ、熱燗。そして〆の中華そば。目の前に暗渠があるんだよなー、なんて思ってほくそ笑みながら、ズルズル～。……チラッ。

２カ所のギャンブル飲み屋はなぜか素朴な姿の暗渠上にあり、そして美味だった。不思議な共通点もあるものだ。自然と、次なるギャンブル美味暗渠飲み屋の存在を期待してしまう。

［参考文献］
くにたち郷土文化館編『府中用水――移りゆく人と水とのかかわり』府中用水土地改良区、２００１年
菅原健二『川の地図辞典　多摩東部編』之潮、２０１０年

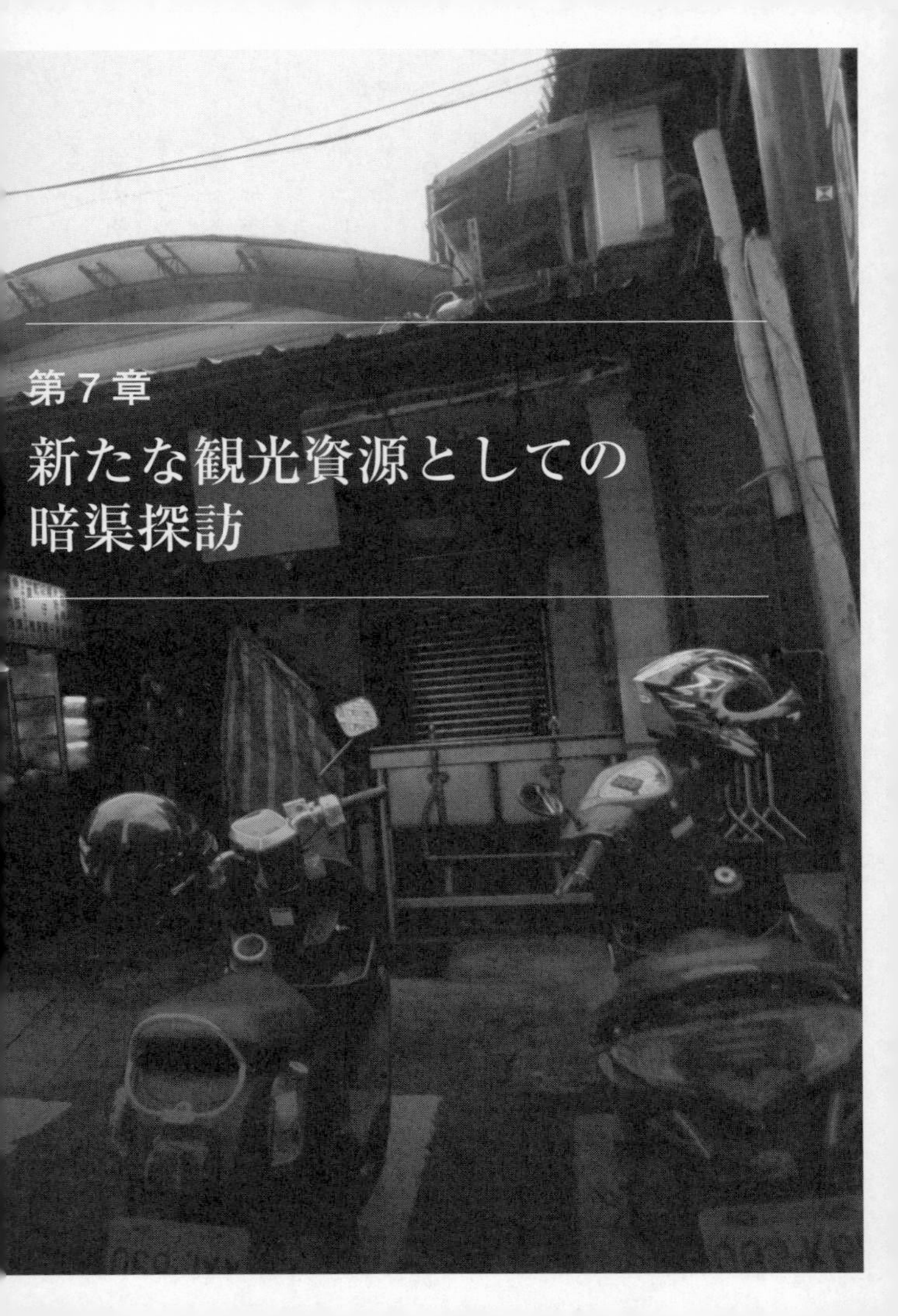

第7章

新たな観光資源としての暗渠探訪

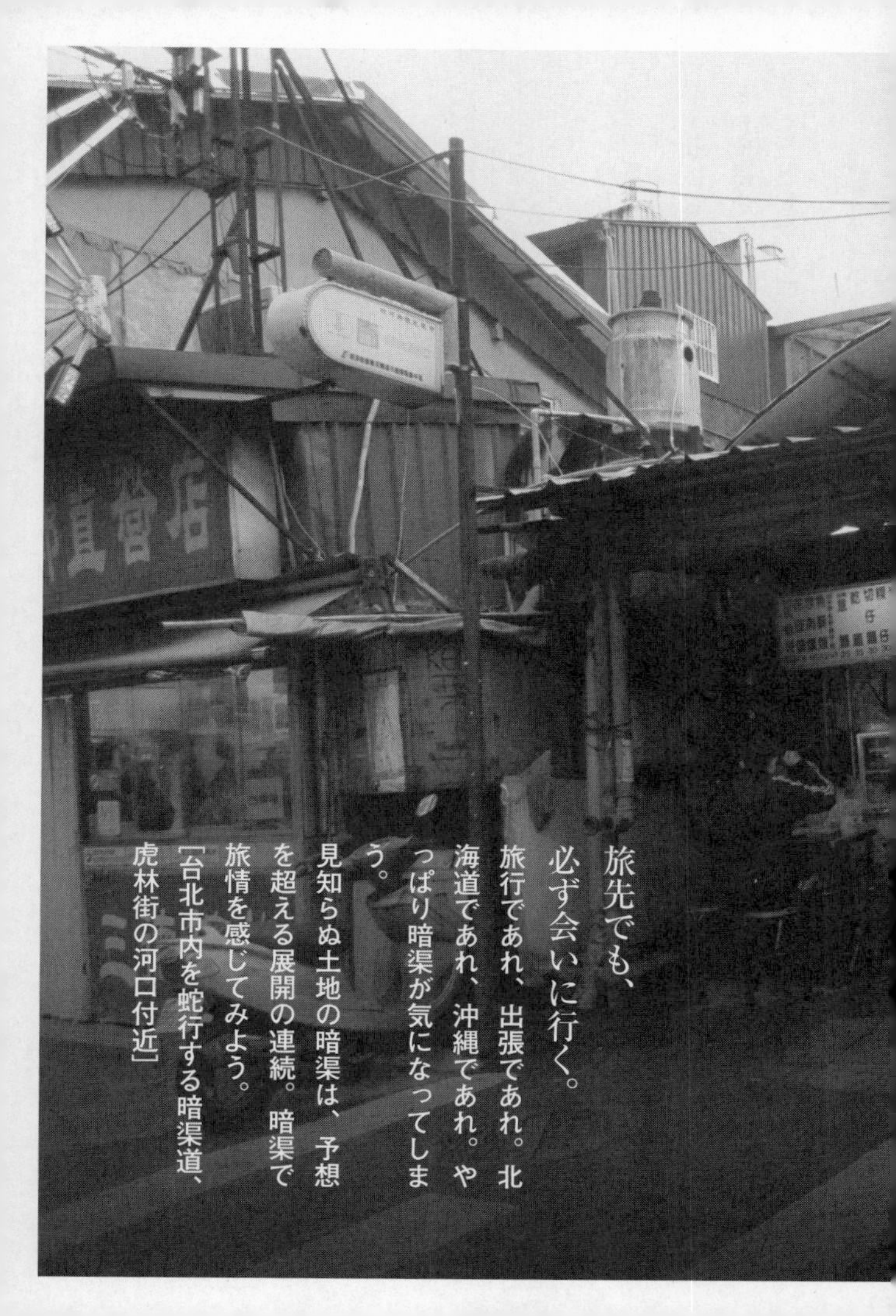

旅先でも、
必ず会いに行く。

旅行であれ、出張であれ。北海道であれ、沖縄であれ。やっぱり暗渠が気になってしまう。
見知らぬ土地の暗渠は、予想を超える展開の連続。暗渠で旅情を感じてみよう。

[台北市内を蛇行する暗渠道、虎林街の河口付近]

碁盤の目を流るる野生の川跡

北海道札幌市 サクシュコトニ川

吉村生

出張が入ると、まず地図を見る。地図を見ると、開渠が突然途切れているとか、蛇行しながら続く細い道があるとか、暗渠らしきものが立ち現れてくる。せっかく新しい土地に行くのだから、そこにある蓋たちや、その土地の川の魂と出逢い、愛でたいと思う。だから、新しい土地に行く時はかならず、暗渠の位置を確かめることにしている。

地方の暗渠を見ていると、東京とはまた異なる、その土地なりの特色が現れてくる。それらとの貴重な出逢いは、有名な観光地に行くよりも、はるかに大きな興奮をもたらしてくれる。そう、我々にとっては、暗渠こそが観光地なのだ。この章では、少しではあるが、地方の暗渠を紹介することで、いわゆる観光地の代わりとなりうる「観光としての暗渠さんぽ」を提案したい。

新川駅
合流口
北24条駅
地下鉄南北線
創成川
北海道大(獣)
エルムトンネル
北18条駅
再生水が流れる
開渠区間
札幌競馬場
暗渠区間入口
暗渠区間出口
北13条東駅
立ち入り禁止の
暗渠区間
大野池
北12条駅
JR函館本線
地下鉄東豊線
大学構内、
整備された
開渠の始点
北海道大(理)
北海道大(農)
桑園駅
河川印の
マンホール
偕楽園緑地、
井頭龍神の池
札幌駅
枯れた川跡区間
さっぽろ駅
さっぽろ駅
伊藤氏宅内のメム(水源)
北海道大学
北方生物園
サ
ク
シ
ユ
コ
ト
ニ
川

＊

ある日の出張は札幌。出張先の北海道大学の敷地で「サクシュコトニ川」という川に出逢った。サクシュコトニとはアイヌ語で、サ＝浜のほう、クシュ＝通る、コトニ＝窪地、という意味だという。サクシュコトニ川は、美しい窪地にある草原の中を、控えめに、しかし淀むことなく、さらさらと流れていた【写真1】。さすが北海道の大自然、と思いながら川沿いを歩いていると、説明板があり、この川には紆余曲折あったこと、今流れている水は処理水であることがわかってくる。

往時は水量豊かで、サケが遡上するような川だったのだそうだ。ところが都市化が進み、1951（昭和26）年頃から水量が減少し、涸れてしまった。その時、上流部は河川としての役目が終わってしまったが、下流部は以降も存続しており、最初に私が見たものは、その部分にあたる。涸れてしまった時期に埋められた部分のうち、当時のままの姿のところは、残念ながら立ち入り禁止区域となっていて見られなかった。そして1998（平成10）年頃から、埋め立てられた部分を開削し浄水場から導水する計画が始まった。2001（平成13）年の北大125周年「サクシュコトニ川再生事業」においてその計画はさらに進み、数年後、北大内のサクシュコトニ川は今のように優雅な親水空間として整備された。

[写真1] 北海道大学構内にある、まるで野川公園のような親水空間

[写真2] 私を呼び止めた「河」マンホール

「いろいろあったんだね、あんたも……」などと思いながら、水の流れを遡ってゆくと、処理水が湧き出す始点があった。再生したサクシュコトニ川の源流地点である。なので、川を追うのをやめ、駅へ向かおうと思っていた。

すると、少し進んだところに、「河」と書かれたマンホールがあった［前頁　写真2］。この時、私はなぜか「もしかするとまだ上流があるかもしれない」という気になったのだった。地形に引き寄せられるように、やや南のブロックに行く。するとそこには、まさしく川跡といえる陥没した空間があった。振り返ると、さらに上流もある［262頁　写真3］。涸れたサクシュコトニ川の跡は、今でも残っているのだ。これまで見てきた、札幌市内の風景とはまるで違う空間が目の前に広がってゆく。

派手な高低差のある崖下では草が伸び放題だが、川筋は確認することができた。蛇行し、偕楽園内の「井頭（いのかみ）龍神」の社のそばに暗渠は出てくる。そこにはかつて「龍神さんの池」という湧水池があったといわれ、サケ孵化（ふか）の試験場などが設けられたこともあった。偕楽園の脇は丸く崖になっていて、じわじわと染み出る湧水があったのかもしれない、と思わせる。川にはフナ、ヤツメウナギ、ザリガニがいて、アキアジも遡上してきたという。

その上流側は再び野性的で、護岸には不揃いの石や、陶器や、いろいろなものが交ざっていた。その先にコンクリート蓋暗渠が出てきたので、下水道台帳で確認してみ

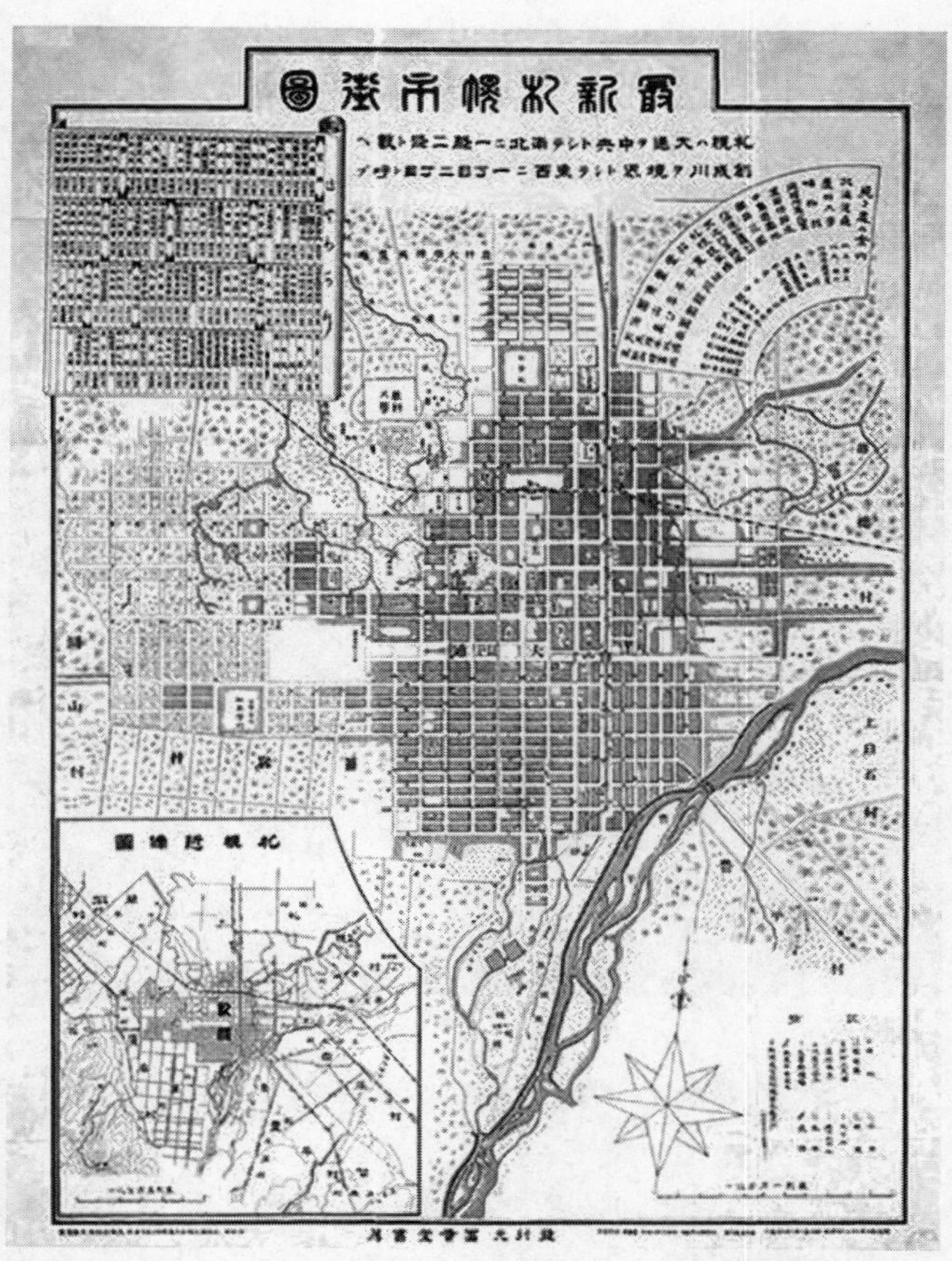

札幌市の地図には、碁盤の目に右から左から、侵食しようとする触手のように、河川が描かれている。
「最新札幌市街図 1965（昭和 40）年」より（北海道大学附属図書館所蔵）

[写真 3] 北大の敷地の外からは未整備な暗渠が始まる

たが、サクシュコトニ川上流部の真下には、下水道は通っていなかった。雨水が流れることもあるのだろうが、たいして流れないのかもしれない。

しかし、このコンクリート蓋はかなりの存在感をもって、行くべきところ、すなわち暗渠の上流部を示してくれる［写真4］。そして、自然河川にあるべき、うっとりするような自由なかたちをしていた。川跡として認識できる最上流部はJRの高架の手前までであり、線路を越えるとすぐに水源だ。アイヌ語では、湧泉のことを「メム」という。サクシュコトニ川の水源は、京王プラザホテルの西隣にある、建設会社伊藤組土建の伊藤氏所有の家（2024年現在、タワーマンションに変わっている）にあるメムであった。敷地内には入れないが、庭は外からも見え、盛大に凹んでいることがわかる（タワーマンションになってからも、メムの窪みは残されていた）。

［写真4］蓋は小さめだが、塀の曲線が暗渠の主張を受け入れている

伊藤氏宅の隣には北大の植物園があるが、その園内にもかつてメムがあり、コトニ川水系のセロンベツ川が流れ出していた。そして今でも、やはり窪みはある。明治期の地図を見てみると、札幌市内の中

央部には実はウネウネと何本もの川筋が這っていたことがわかる。碁盤の目、という印象でしかなかった札幌だったが、きれいにお化粧を施した川跡と、荒ぶる野生の川跡が隣り合う姿を駅のすぐ近くで見ることができる、隠れた暗渠都市なのであった。

わが故郷のエキサイティング暗渠

栃木県下野市 下谷田川（仮）

髙山英男

栃木県の真ん中へんに、2006（平成18）年の平成の大合併で生まれた下野（しもつけ）市という街がある。この元になった町の一つ、旧石橋町という小さな町が私の生まれ故郷だ。

宇都宮市の南隣で、東京と東北を結ぶ重要な交通幹線、JR東北本線（宇都宮線）と旧国道4号線すなわち日光街道が通る町。江戸時代は宿場町として賑わい、明治期には仮の栃木県庁も置かれたという由緒ある町でもある。しかし、それは昔むかしのこと。私が生まれた昭和の半ばにはすでにそれらは過去の栄光となり、人に誇れるものといえば、全国有数のかんぴょうの産地であること以外、何もなかった。

1975（昭和50）年には、町名が縁となり、ドイツのシュタインブリッケン村（ドイツ語で「石橋」）と姉妹都市の契りを結ぶ。これをフックに平成に入る頃からだろうか、「グリムの里」を名乗って町おこしを図ったが、必ずしも成功したとは言い

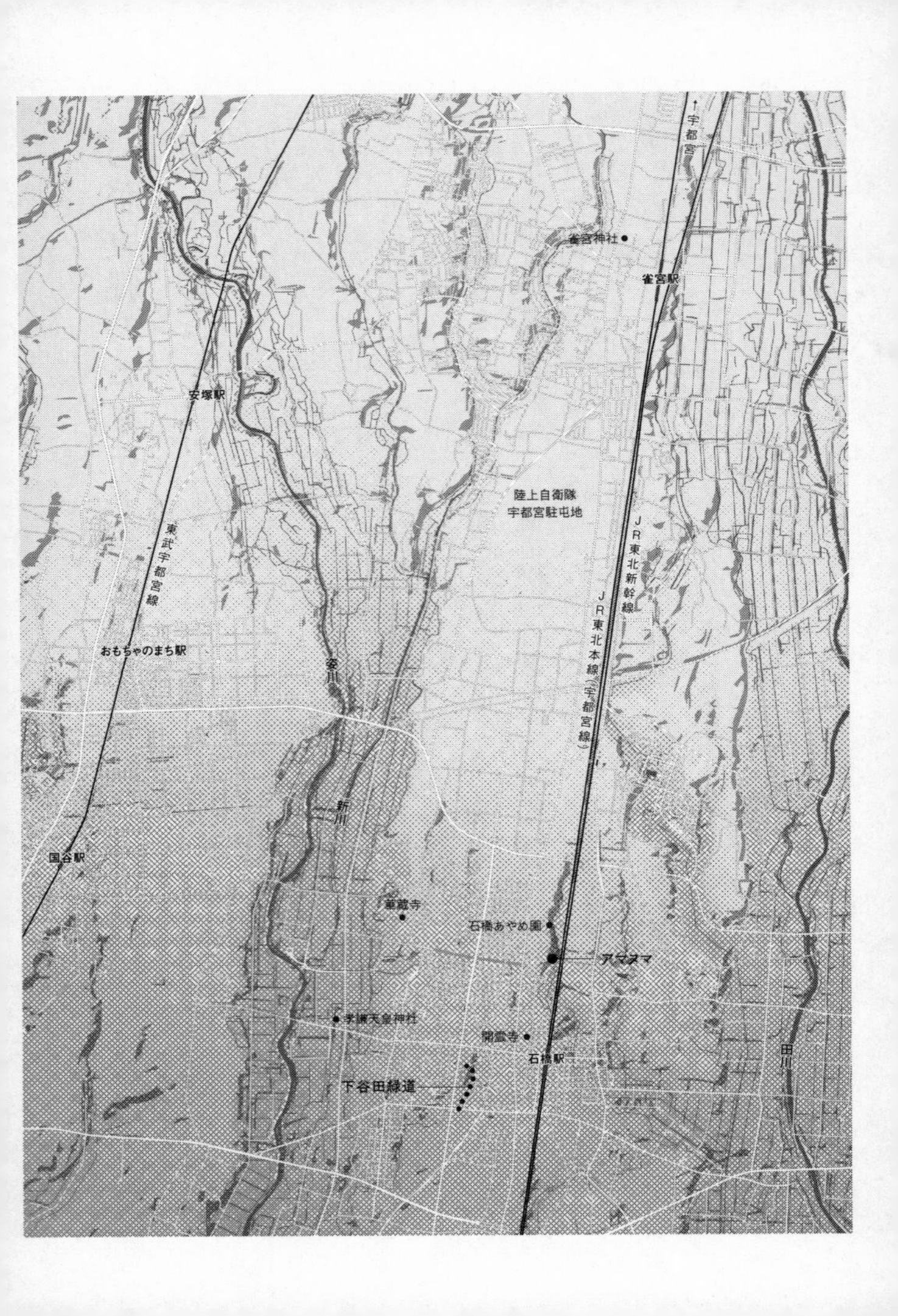

↑宇都宮
雀宮神社
雀宮駅
安塚駅
陸上自衛隊
宇都宮駐屯地
JR東北新幹線
東武宇都宮線
JR東北本線(宇都宮線)
おもちゃのまち駅
姿川
新川
国谷駅
華蔵寺
石橋あやめ園
アマヌマ
孝謙天皇神社
開雲寺
石橋駅
田川
下谷田緑道

がたい結果となった。要するに、ほとんど観光資源を持たない町なのである。親戚の冠婚葬祭があって、という以外には、誰もこの町に来る特別な理由はないはずだ。

さて、旧石橋町の川事情はどうかといえば、南北に細長い町の西の端っこをやはり南北に、姿川という中小河川が1本流れているくらいであった。この姿川は、宇都宮市と日光市の境目にある鞍掛山(くらかけさん)という山を水源にし、いくつかの川と合流したのち利根川へと流れていく川だ。並行して隣町を流れる鬼怒(きぬ)川、田川らとともに、たくさんの用水路を分水し、関東平野の端っこの田んぼを潤していた川の一つである。

私は高校卒業までこの町で暮らしたが、町の中心から自転車で行くのに10分以上かかったこの川にもあまり親しみはなく、町全体も、川的、暗渠的に見ても、ほとんど魅力はないのだろうな、としばらく高をくくっていたのである。

ところが、数年前に用事があって久々にこの石橋に帰郷し、そんな石橋の町なかにも、立派な暗渠があったことを初めて知ったのである。いつもはJR石橋駅から最短距離コースで実家に向かうのだが、たまたまその日は出来心でかなりの遠回りをし、幼少の頃の友達が多く住んでいた栄町というエリアを通ってみた。もう40年近く経つわけだから、いかに田舎町といえど、当時の面影はわずかに残るのみである。

そこに突如現れたのが暗渠道「下谷田遊歩道」だ［写真1］。石橋の町なかには、川や用水路などまるでなかったと記憶していたのだが、そういえば、ここにはたしかにドブがあったっけ……と記憶がよみがえる。ぬるぬるした生活排水が流れ、濁っていつも臭い幅50センチほどのドブ。名もなく、皆にドブとだけ呼ばれていたただのドブ。それが暗渠化され、この遊歩道となっているのだった。

正直驚いた。あの汚いドブが、実は「川」だったことに。しかし、私の目には川とは映っていなかったことに。

都内の暗渠を巡る時は、チャンスがあれば地元の方に昔の話を聞かせていただくようにしている。その際、多くの人は「これは川じゃないよ。ドブだったんだよ。だから埋めちゃったんだ」と答えてくれる。だが、

［写真1］下野市石橋、かつて栄町といわれた場所にできていた暗渠道、下谷田遊歩道

いかに臭くても汚くても、私にとっては立派な「川」であり、地元の方が「ドブ」と呼ぼうが何と呼ぼうが、ほとんど気にしていなかった。しかし、この下谷田遊歩道の昔の姿を思い出した時、地元の方が語る景色を初めて理解できたような気がしたのだった。

下谷田遊歩道は浅い谷地形を残したままレンガで舗装されており、都内でも見ることができるような「立派な」暗渠だった。もしかしたらあのドブは、「下谷田川」とでも名前がついていたというのだろうか。

ところがその下谷田川（仮）、わずか数百メートルしか今も昔も存在せず、市街地を走る道の途中から始まり、やはり市街地の幹線道でぷっつりと終わってしまっている。下流方向はうっすら谷が続いているから想像もつくのだが、特に上流を辿る痕跡がまるでない。もちろん、私の幼少時の記憶もない。

そこで実家に帰るなり母に尋ねてみると、１・５キロ西に流れる姿川から取水し、市街地近くの田んぼに水を供給、その後また姿川に合流する水路であったと教えてくれた。さらに、下谷田川（仮）の上流は、標高のわずかに高い市街地を隧道（ずいどう）（トンネル、すなわち暗渠！）で抜けてくるとのことであった。ただし、この時母もその隧道がどのようなルートで造られたものかまでは知らなかった。地形から想像すると、私が通った中学校のあたりだと思うのだが、そんな隧道などもちろん見たことも聞いたこともない。

その後ほどなく、父母ともに認知症が進んでしまい、詳しいことは聞けないままなのだが、家の奥で埃を被っていた『石橋町史』を読み漁ってみたり、法事や見舞いなどで帰省した時のわずかな時間を使い、現地調査を試みたりもした。しかし、いまだに下谷田川（仮）のルートは解明できていない。それどころか、駅の北にあり、大人たちからは「底なし沼だから近づいてはいけない」と言われていた「アマヌマ」と呼ばれる沼の付近に、おそらく市街地方面から流れてくるのであろうと思われる別の隧道の流末を見つけてしまうなど、さらにうれしい混乱に包まれている。解明するのは果たしていつの日になることやら……。

いずれにしても、何もない、川さえも身近にない、関東平野の端っこの小さな町にすぎなかった我が石橋町（現・下野市）が、こんなエキサイティングな暗渠事情を抱えた町だったとは。暗渠視線で見つめ直す時、このありふれた町はきらきらと輝きながら、知的好奇心を煽る町に変貌するのだ。

もっと早く下谷田川（仮）の存在に気づいて、調べ回るべきであった。もしも中学生の頃の自分に会うことができるなら、これを自由研究のテーマにせよと強く命じておきたい。

水上のビル、酒と肴と水路と人と

吉村 生

愛知県豊橋市「ビル蓋」

水路の上に被さっているすべてのものを、「暗渠蓋」と呼んでいる。暗渠蓋はコンクリート製の板であることが多いが、時たま、想像の斜め上をゆく物件と出会うことがある。とりわけ驚かされたのは、「ビル蓋」だ。［写真1］

豊橋市にあるそれは、牟呂用水という用水路の上に威風堂々、建っていた。その蓋の名は豊橋ビル、大豊ビル、大手ビルで、あわせて通称「水上ビル」、その長さ800メートルである。てくてく歩いてゆけば、ビルの合間に橋が残されている。類を見ない珍景だ。

一昔前は、豊橋のみならず全国に水路上建築物の事例はあった（今も、東京を含む全国に残っているものもある）。しかし、現行の法律では、水路の上に建物は建てられない。つまり、その建物が消えれば、二度と水上に建つことはないのだ。

豊橋のビル蓋は、マンションと商店街が一体化したものだった。が、商店街の上階にはすでに人が住んでいなかった。もしや、もうすぐ取り壊されてしまうのではないか。心配になり、再度、見にいった。そうしたら店舗が増え、イベントなども行われている。どうやら街の人たちに愛されている場所であるようだった。

下を流れる牟呂用水は、下流の神野新田を潤すために引かれた用水路だ［図1］。1888年に竣工するも、濃尾大地震や暴風雨に直撃されるなどの難工事で、完成は1899年。「新川」とも呼ばれ、地元の人が朝に洗濯をしたり、そのまま井戸端会議をするような社交場でもあった。子どもたちは泳いだり、ホタルや魚をとったりした。

牟呂用水は現在も基本的に開渠であり、このビルの箇所だけが暗渠である。なぜ、ここだけに建物が建つのだろうか。水上ビルの起源は、戦争によって生まれたヤミ市だという。苦労を重ねた店主たちが木造のマーケットをつくり、しかしそれが豊橋駅前の一等地であったために、やがて立ち退きを迫られ、駅に近い牟呂用水上に土地が見出され、移転することとなった。1964（昭和39）年に大豊ビルが、1965（昭和40）年に豊橋ビルが、1967（昭和42）年に大手ビルが、建てられた。

新しくお洒落な店舗にも惹かれつつ、最も老舗と思しきお好み焼き屋に入り、ツナ焼きそばと玉子巻きとビールをたのみ、昼食とした。その「伊勢路」にて店主に聞いたところでは、この店は1969年からやっていて、それは水上ビルができた少しだ

［写真1］この団地のようなものの下に用水路が流れている。車の手前に見える柵のようなものは、橋の欄干と親柱だ。昔はこの並びにある新川橋の上で、巴焼き（今川焼きの別称）売りの屋台がいつも出ていたそうだ

［図1］ゼンリン住宅地図１９６６年の豊橋西駅を拡大したもの。この飲屋街一帯ができる前の姿、ただの水路だった様子がわかる。駅西口を「西駅」と呼ぶのは豊橋の独特さで、その昔駅舎が東西に分かれていた名残だという

け後である。水が溢れたことはないのかと尋ねたら、一回もないのだそうだ。昔は農業用水で、3月から9月まで流れていたが、今は田んぼが減ったので、少しずつずっと流れているんだよ、と。店主がそう言うと自分の脳内でCGが発動し、床が透け、水面が見えてくるような気がした。

牟呂用水のビル蓋を見るためだけでも、豊橋に行く価値はある。加えて、再訪時、もうひとつの個性派暗渠を見つけてしまった。

わたしはどこに行っても飲み屋を探すクセがあるのだが、新幹線を降りてすぐ、西口の飲み屋街を見にゆき、そして違和感を覚えた。微妙な曲がり方に地面の盛り上がり、一列に並ぶ小さな店舗群。これは……わたしの嗅覚が正しければ、下に川があるはずだ。そう思い、店の連なりを追っていく。あった!! 店のない場所に、コンクリートの、スタンダードな暗渠蓋があった。矢も盾もたまらず、聞き込みのために飲み屋に入ることにし、一番古そうな店を探す。まだ日は落ちていないので、周囲を探索しながらじっくりと時間をつぶした。水路は、駅前を横切ってもなお続いており、牟呂用水に接続している。勾配が微妙すぎて、流れの方向はよくわからなかった。

居酒屋「まき」に入ると、カウンターに6、7席ばかりの狭い空間で、常連さんとママがテンポよく会話している。ビールで喉を潤し、しばらく大人しく飲みながら、いつこの下の水路のことを聞こうか、と狙う。やがてカラオケが繰り広げられ、満席になり、何組かが入店を断られた。はじめは怖かった常連さんが、酒を奢ってくれた。そこで思わず安心してしまい、勢いで暗渠のことを聞く。「まき」の創業は、１９７７（昭和52）年であるという。その以前、戦後あたりからこの水路上には飲み屋街ができており、「まき」は居抜きで経営しているそうだ。最も古いとふんだ飲み屋よりも、この暗渠上飲み屋街はさらに深い歴史をもっていた。また、創業時期を考えると、こちらは水上ビルより先にドブの上にできた建物、ということになる。ママと常連さんがドブと言っていたのでそう書いたが、牟呂用水の分流だから、汚い水が流れていたことはあるまい（流れの方向ももちろんご存じだった）。そう思うと再び、床下に川が透けて見えるような錯覚に陥る。しかし現在、飲み屋の壁の隙間から見える水路跡は空洞で、もう水は流れていなかった。

気づけばすっかり長居していた。だいぶ飲んだように思うが、記憶はぎりぎり保たれている。たぶん、「まき」で触れた人情を忘れたくなくて、脳が調節してくれたのだろう。

豊橋に行けば、水路の上に粋な建物がある。長く続く人の縁とともに、きっと、これからもずっと。

［参考文献］

『ゼンリン住宅地図　豊橋・御津・小坂井』西日本写真製版、１９６６年
豊橋市立羽根井小学校『わが町　羽根井』１９８７年
豊橋市『とよはしの歴史』１９９６年
豊橋市校区社会教育連絡協議会（編）『続　ふるさと豊橋』１９８０年
牟呂用水土地改良区『１００年の歩み』１９８８年

古墳あるところ暗渠あり？・百舌鳥古墳群暗渠さんぽ

髙山英男

大阪府堺市

あの古墳らは水に囲まれていた

２０１９年、百舌鳥・古市古墳群が世界遺産に登録されたというニュースで、久しぶりに仁徳天皇陵古墳という単語を聞いた。百舌鳥古墳群に含まれる、日本で最も大きな前方後円墳である。教科書に載っていた写真を頭の中に思い浮かべて気付いたが、大きな古墳の周りに幾重かの濠があったではないか。そう、この古墳は水に囲まれているのだった。さっそくこれがどんな位置にあるのかスマホで地図を確認する。なるほど、ＪＲ阪和線三国ケ丘という駅のすぐそばにあるのか。それにしてもでかい。古墳は阪和線の隣駅・百舌鳥駅まで続いているぞ。ピンチアウトして周囲の様子を見てさらに驚く。付近にはこの仁徳天皇陵古墳を筆頭に、たくさんの前方後円墳が密集している。これが百舌鳥古墳群か。しかもこれらほとんどは周濠（古墳を囲む濠）を纏っているではないか。

ここに行ってみたい。これら一つひとつの古墳の周濠には、必ず入口・出口となっている水路が存在しているはずで、そのうちのいくつかはきっと暗渠になっているだろう。ぜひそれを見つけに行ってみたい。

いざ、百舌鳥古墳群の周濠へ

想いは叶って、関西方面に行く用事のついでについに百舌鳥古墳群［図1］に行く機会を得た。半日で代表的な古墳を回るにはちょいと広すぎるが、レンタサイクルを使えば問題なしだ。

手始めに向かったのは、堺市北区百舌鳥西之町にあるニサンザイ古墳だ。長さ300mの墳丘をぐるりと濠が囲んでおり、周濠含めた全長は500mほどにもなる大きさだ。エジプトはクフ王のピラミッドでさえ全長230m、すでにそれを遥かに凌駕するスケールである。それでも前方後円墳としては全国7位というのだから恐れ入ってしまう。

小高くなった周濠の土手に立ってみる。圧倒的な眺めだ［写真1］。多くの古墳ファンはこんな景色にロマンを感じときめいているのかもしれない。後日『スソアキコのひとり古墳部』（イースト・プレス）を書いた帽子作家でイラストレーターのスソさ

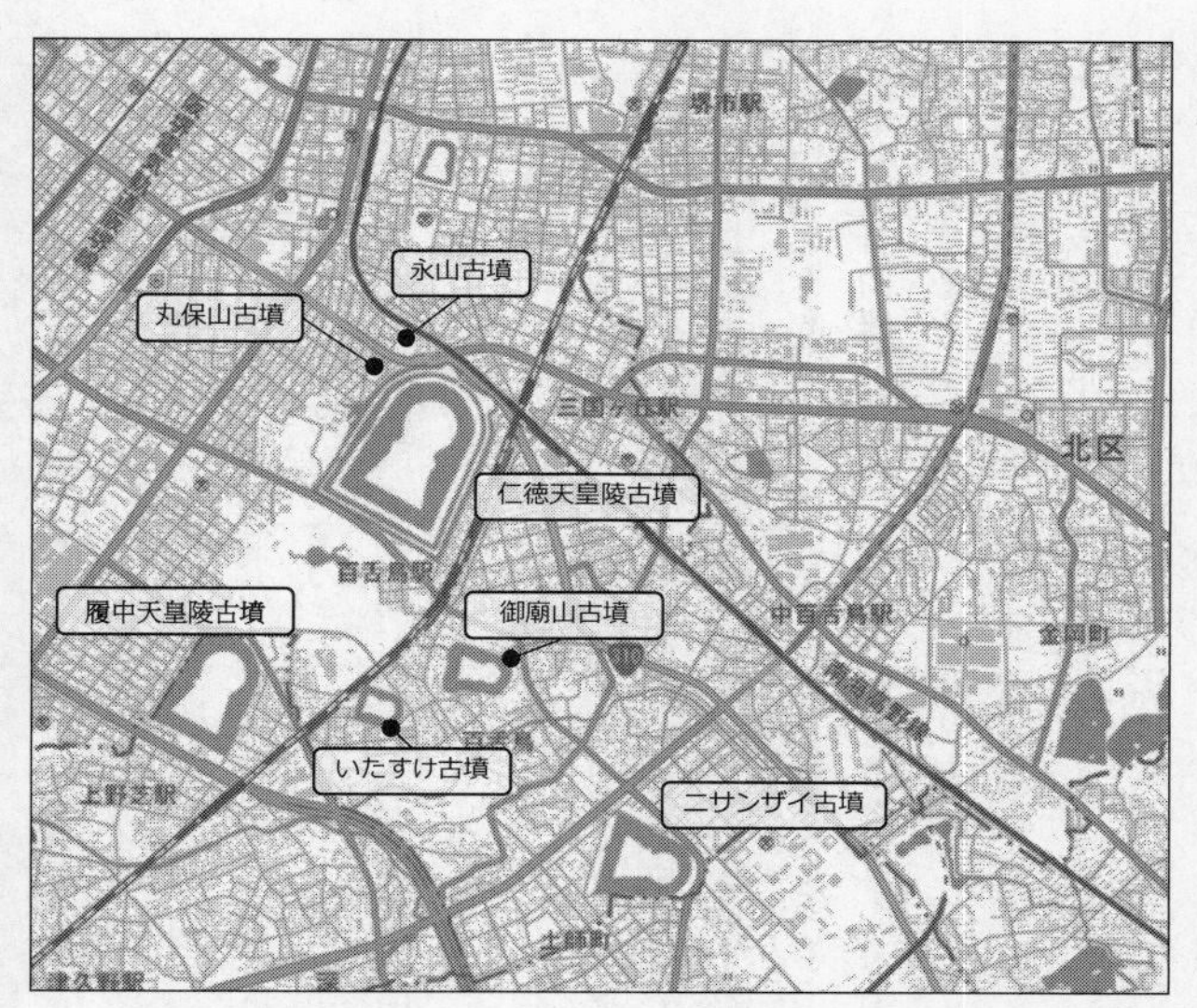

[図1] 百舌鳥古墳群は4世紀後半から6世紀前半にかけて築造。大規模な前方後円墳（全国1位：仁徳天皇陵古墳、3位：履中天皇陵古墳、7位：ニサンザイ古墳）が集中している（凹凸は陰影で表現：地理院web を元に加工）

んに百舌鳥古墳群について尋ねてみると、「スケールの大きすぎる古墳が多くて、体感として楽しめるサイズを超えている。私は10～１００ｍくらいの古墳のほうが好き」と仰っていた。なるほど確かにでかすぎて、ほんとうに前方後円になっているのかすらわからない。しかしそれでもいいのだ。私が好きなのは墳丘でなく、それを囲む周濠のほうなのだ。豊かに水を湛える濠を目の前に、胸が高鳴ってしまうのだ。古墳のロマンはまだわかっていないが、暗渠のロマンは十分にわかっているつもりだ。

気を取り直して周濠の土手を一周。水の入口・出口となっている水路を何本か発見する［写真2］。濠との接続点は開渠でも、辿ればやがて暗渠となる水路もあった。本来ならこれがどこまで繋がっているか見に行きたいところだが、時間に限りのある今回は深入りは禁物、「濠のまわりにちゃんとある」のを確認することが優先だ。

次は仁徳天皇陵古墳との間にある小さめの古墳、御廟山古墳といたすけ古墳（ともに北区百舌鳥本町）に向かう。小さめとは言え、どちらも周濠含めた長さは200mから300mもあり、やはり墳丘自体の形を味わうには少々大きすぎか。先ほどと同じように周濠を丁寧に回って、出入りする水路を確かめる。開渠であってもすぐその先は暗渠となり、街中に消えていく様を見るのが愉しい。

いよいよ次は阪和線を西に越え、堺区大仙町にある日本最大の前方後円墳、仁徳天皇陵古墳へと向かう。墳丘だけでも長さは500m弱。三重に張られた周濠含めた全長は840mにも及ぶ。周濠のほとりに立っても、手前にある堤の森に遮られ、どこに墳丘があるかもわからないほどの壮大さだ。

ここに繋がる水路もスケールの大きなもので、西に抜ける開渠を追えばすぐに幅の広いコンクリート蓋を使った暗渠や［写真3］、二階建ての家を蓋代わりにした暗渠に出会うことができる。また周濠に寄り添って佇む丸保山古墳や永山古墳などの陪塚

［写真 1］ まるで湖に浮かぶ島。高さ 25 m にも及ぶニサンザイ古墳を周濠の土手から望む。実はこの外側にもさらに外濠があったそうだ

［写真 2］ 中区土師町。ニサンザイ古墳の東南から濠に流れ込む開渠を辿っていくと出会う蓋暗渠。先を見失うほど複雑に枝分かれしている

（大型古墳に隣接する小型古墳）もそれぞれ小さな濠をもつことから、ここの水とも暗渠でつながっていると推測できる。

水のネットワークとしての古墳群

このように水路を見ていくと、百舌鳥古墳群とは、たくさんの周濠とそれを繋ぐ水路とが織りなす大きな「水のネットワーク」だと捉えることもできる。

この日の暗渠をプロットし、土地の高低差から流れの方向を推定した図を作ってみる［図2］。すると、それぞれの古墳を繋ぐように西北に向かう流れが、東から西へと流れる百舌鳥川・百済川から派生して存在しているのではないかという仮説が浮かび上がる。実際、仁徳天皇陵古墳の最も外側の濠が再掘削・整備された1900年前後からは、この水で下流約120haの田畑を灌漑しており、水不足が生じると、遥か8km内陸にある大阪狭山市の狭山池から長い水路を通じて水を買っていた、という記録も残っている。

さまざまな痕跡が、見つけられるのを待っている？

本稿タイトルは「古墳あるところ」に暗渠ありとしたが、正確には「周濠あるところ」に暗渠ありということになる。さらに周濠の集まるここ百舌鳥一帯では、それら

［写真3］堺区大仙町。周濠から流れ出る水が民家の下を通り、どっしり大きめのコンクリ蓋の下を流れていく。

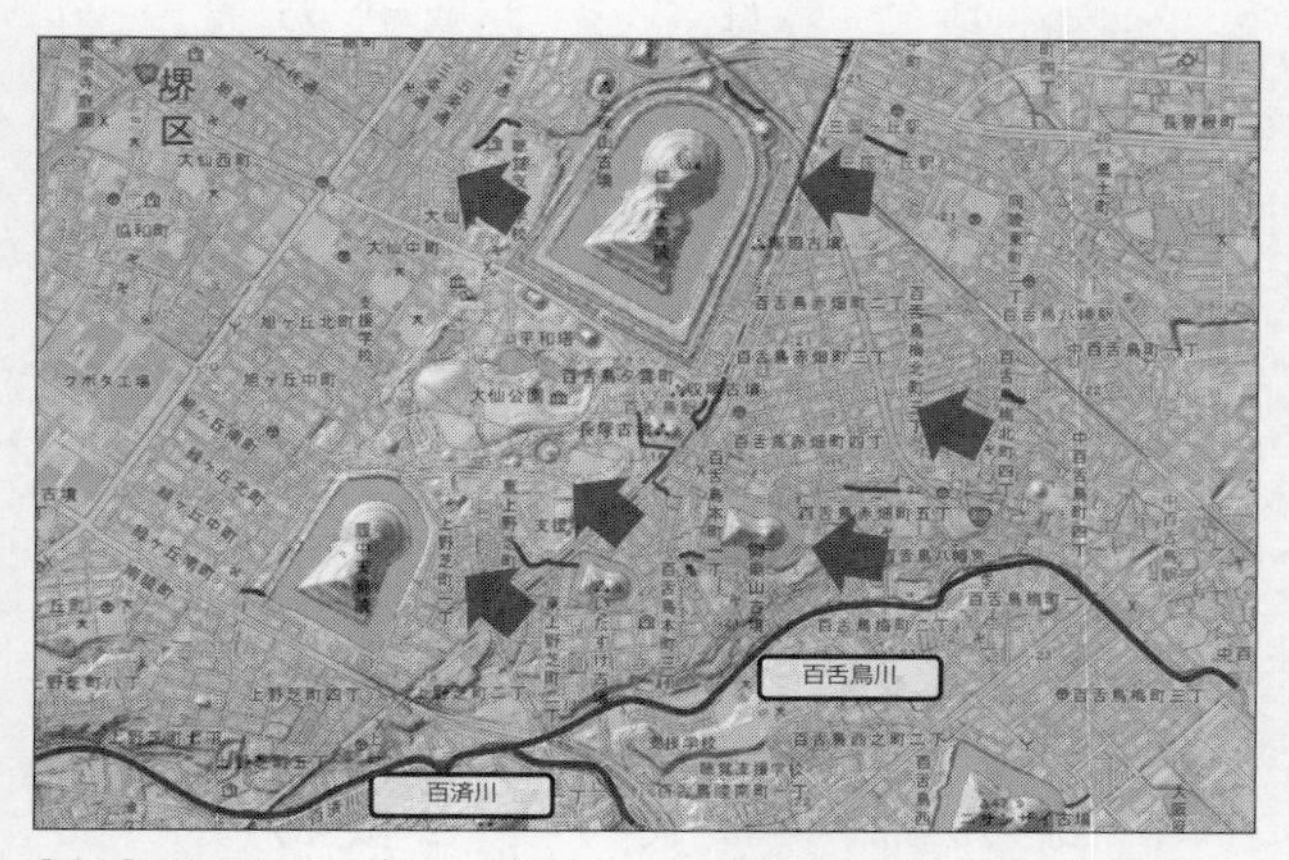

［図2］断片的でわずかな暗渠プロットを元にした仮説にすぎないが、百舌鳥川から北西へと水を送り、古墳群を繋ぐネットワークが作られていたのではないか

を繋ぐまだ見ぬ暗渠が、あちこちに眠っているかもしれない。古墳に次ぐ新たな観光資源として。

ここからは余談となるが、今回の下調べで「百舌鳥古墳群には、消えてしまった古墳や濠もたくさんある」ということもわかった。本来100基以上の古墳があったと考えられているのだが、後年の江戸時代初期の大規模新田開発、昭和初期の阪和鉄道(現JR阪和線)敷設工事と区画整理、戦後から高度経済成長期を経た開発などによって破壊され、現在は44基が残るのみとのこと。言ってみればそれは暗渠ならぬ「暗墳」だ。また、古墳は残っていても周濠が消えてしまったケースもある。ニサンザイ古墳や御廟表塚古墳の周りでは、埋められてしまった濠の存在が1970年代以降の調査によって突き止められた。きっとほかにもそんな濠があるはずだ。いわばそれは「暗濠」である。

消えてしまったものが多いぶん、そこにはひっそりと残る痕跡も多いのではないだろうか。次に百舌鳥に行ったなら、暗墳・暗濠の痕跡探しにもぜひチャレンジしてみたい。

［参考文献］
堺市文化観光局文化部文化財課『百舌鳥古墳群　堺の文化財（第8版）』2019年

スソアキコ『スソアキコのひとり古墳部』イースト・プレス、2014年
堺市教育委員会生涯学習部文化財課編『百舌鳥古墳群の調査1』堺市教育委員会、2008年
［ウェブサイト］
堺市HP

ハイセンスな街で味わう濃い川

髙山英男

兵庫県神戸市　鯉川

異国情緒たっぷり、関西のお洒落観光地として名高い神戸は、実は暗渠的にも独自の魅力に溢れる街だ。それは神戸の持つ独特の地形にも由来する。目の前に大阪湾が広がり、背中に六甲山系を背負う神戸の街は、東西に延びる斜面の上に広がっており、この斜面を短い川たちが櫛の歯のように短く、まっすぐに延びているのだ。

神戸は文明開化以降、早くから近代化が進められたが、1938（昭和13）年の阪神大水害を境に、独自の方法で河川整備を拡大することとなる。それは主に川の断面を深く、あるいは幅広く確保して地下化する、ところによっては二層水路を造って段積みする、必要なところにバイパスを造って流れをよくするなど、まるでサイボーグ手術のように、川を生かしたまま改造の手を入れることであった。

神戸市はこれらを「暗渠」とは言わず、「地下河川」と呼んでいる。「暗渠化する」というよりも「地下河川化する」といったほうがより大きなスケール感が醸され、ド

新神戸駅
鷲徳山
東海道新幹線
追
谷
川
追谷霊園
山本通り
鯉
「河川」マンホール
城
ヶ
口
川
人家を通る
中山手通り
川
三ノ宮駅
三宮駅
阪急三宮駅
三宮駅
合流点
阪神本線
三宮・花時計前駅
県庁前駅
元町駅
旧居留地・大丸前駅
地下鉄西神・山手線
阪神元町駅
JR東海道本線
地下鉄海岸線
花隈駅
鯉のモニュメント
みなと元町駅
大倉山駅
阪急神戸高速線
西元町駅

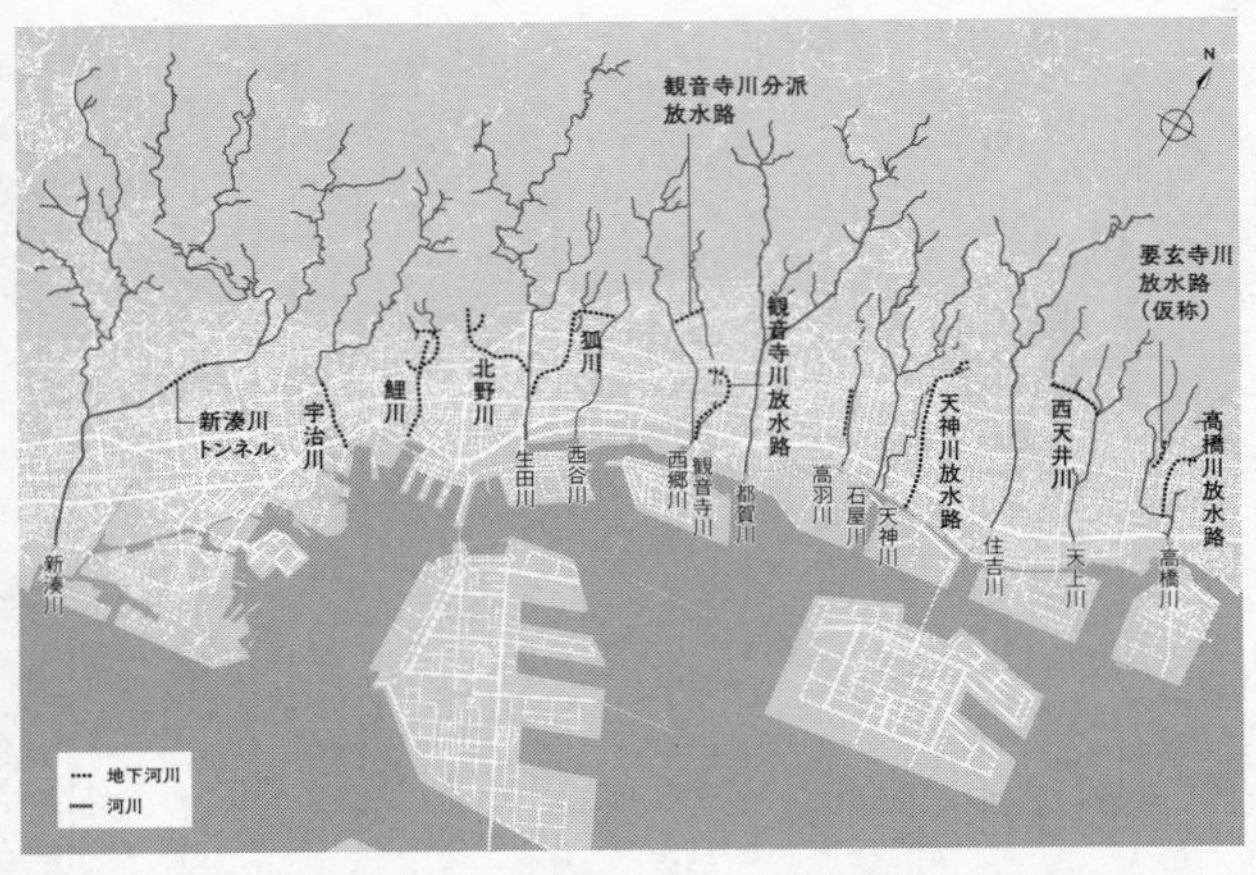

神戸市を流れる河川の概況。六甲山系から大阪湾に向かう斜面に、まるで櫛の歯のように何本もの川が流れている

ボクの香りも高くなる気がするのは興味深いことである。

　神戸名物の「地下河川」のうち、ここでは「鯉川」にスポットを当ててみよう。なぜ鯉川かというと、私が本業の出張で神戸に行った時、宿から最も近い川だったからである。鯉川には接待飲みが終わった後の深夜と、翌日明け方から仕事が始まる前の早朝に訪問した。

　鯉川は神戸市中央区を流れる全長約1・7キロの短い川だ。河口はメリケンパーク横のメリケン波止場。これだけでもう神戸を代表するような川といえるのではないだろうか。それを裏づけるように、河口付近には大きな鯉のモニュメントまで作られている。

[写真 1] 鯉川が山本通りを越える地点に置かれたマンホール。誇らしげに「河川」という文字が刻印されている

[写真2] 「逆Aの字」的な形の補強鉄骨が入れられた、鯉川中流域の開渠。ここにもどこか漂うサイボーグ感

河口からしばらくはその名も鯉川筋という幹線道路が続く。この下に「地下河川」としての鯉川が流れているのだ【前頁　写真1】。

このあたりは鯉川の最も「サイボーグ」味の濃い所ではあるが、都内の中小河川暗渠を好物とする私には大造りすぎてあまり……【前頁　写真2】。しかし、中山手通りを越えた中流域では、細道に側溝のような蓋暗渠が続いたり、いきなり開渠が現れたりと繊細な味わいに変化していく。

山本通りを渡る頃には、川を上っている足が本当に「登っている」ことに気づく。この先はかなりの落差をもって鯉川が流れている。さらに登り続けると、鯉川は開渠で追谷（おいたに）墓園に入っていき、その先の水源、堂徳山に至る。この霊園に入る前、鯉川は既に追谷川と名を変えていた。

鯉川の水源は二つあり、もう一つの水源である城ヶ口川は追谷川から西へ300メートルほど離れたところを流れている。山の中から住宅の間を抜け鯉川に合流していくのだが、こちらも見ごたえ十分だ。マンションの間の急勾配を滝のように流れる姿や、古いレンガ造りの洋風意匠の水路など、ハイカラ都市神戸ならではの景色を味わうことができる。

城ヶ口川は中山手通りと山本通りの両方に沿って鯉川に合流するものと見られるが、実はこのあたりの流路に関しては確かな痕跡を見つけられず自信がない。ただしこれら2本の間のエリアには「暗渠っぽい」雰囲気の道をいくつも見ることができるので、地下河川はさらに複雑につなげられているのかもしれない。ぜひ現地で確かめていただきたい。

南国暗渠と過ごす南国時間

沖縄県那覇市 ガーブ川

吉村 生

セミエビ、夜光貝、ヤシガニ、アオブダイ……。那覇市内にある牧志公設市場で、明日から甲殻類アレルギーが始まるんじゃないかというくらい、これでもかと南の島の魚介を腹に詰め込んだ。この公設市場、実はガーブ川の上に建っている。市場内にあった新聞記事を見てみると、戦後に自然発生した闇市の露店商人を集め、1950（昭和25）年にこの地に開設したものという。ところが敷地は湿地帯で、大雨のたびにガーブ川が氾濫し衛生的に問題になったといい、市議会と商店街組合との間で市場存続問題が起きたり、移転先でもめたり、川の改修工事に市場の改築工事、火事で焼失したりと、ガーブ川と牧志公設市場の歩んできた歴史は、なかなか波瀾に満ちたもののようだった。

そんな背景を頭に入れつつ、お腹いっぱいで正直休みたいと思いつつも、この川のことをもっと知りたいと、暗渠（厳密にいうとガーブ川は開渠部分もそれなりに多いが）

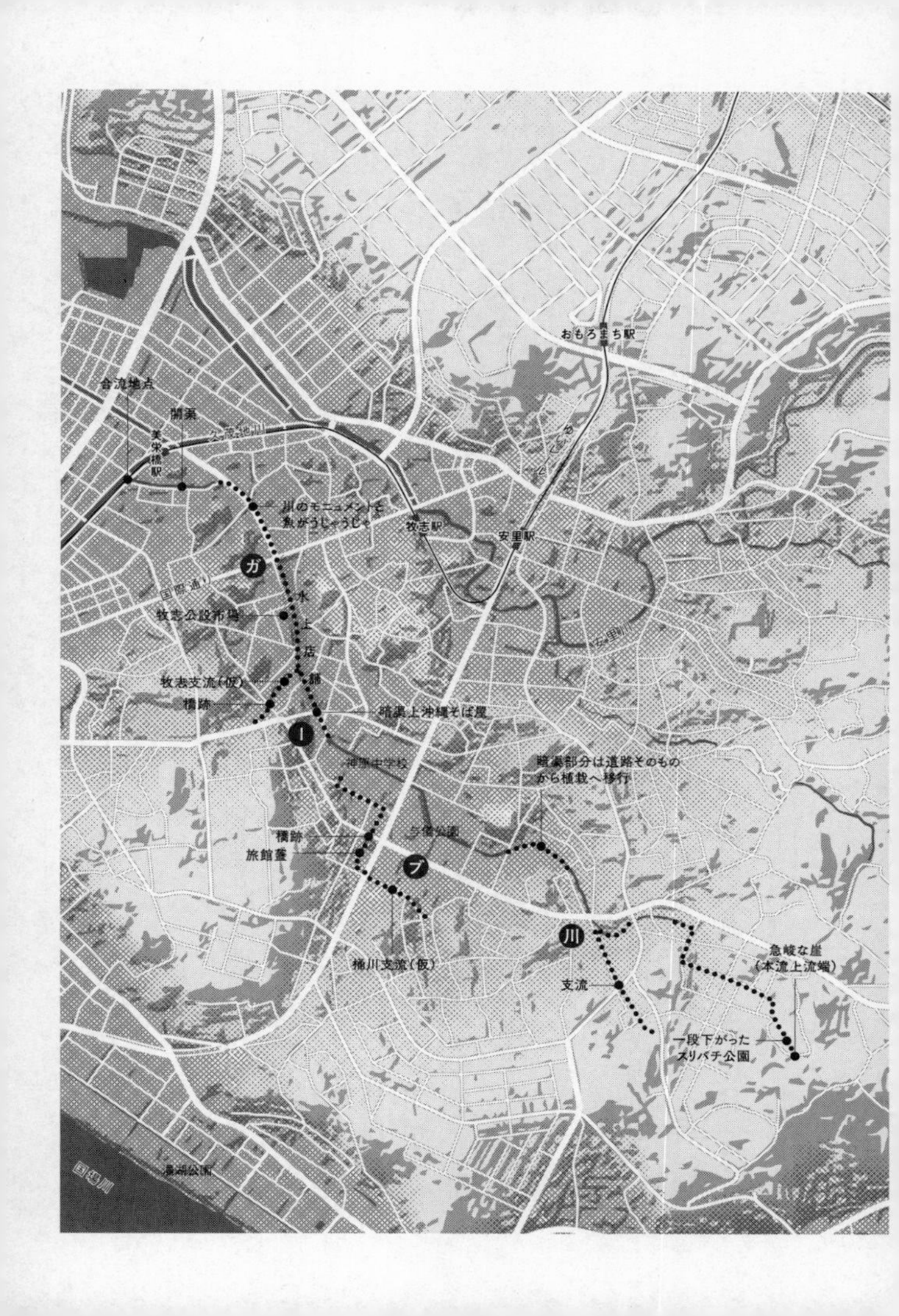
おもろまち駅
合流地点
開渠
美栄橋駅
久茂地川
川のモニュメントを
魚がうじゃうじゃ
牧志駅
安里駅
ガ
国際通り
水上店舗
牧志公設市場
牧志支流(仮)
橋跡
暗渠上沖縄そば屋
安里川
I
暗渠部分は道路そのもの
から植栽へ移行
橋跡
ブ
桶川支流(仮)
川
支流
急峻な崖
(本流上流端)
一段下がった
スリバチ公園
漫湖公園
国場川

探索モードをオンにする。以降は、このようにして始まった、計3回の沖縄出張のついで探索の記録である。

牧志公設市場からガーブ川暗渠を遡ること数分、衝撃の「ビル蓋」が現れる。そのビルの1階には沖縄そば屋があった（2024年現在、そのビルもそば屋もなくなっている）。ソーキそばの普通もり、350円也。暗渠そばだ、などと思いながら通過する。ガーブ川の上にはずらりと建物が並んでいる。上流から順に、「水上店舗第四街区」、「水上店舗第三街区」、「水上店舗第二街区」、「水上店舗第一街区」。建物内に入ってみると、暗渠のところが一段高くなっている【写真1】。暗渠につきものの猫も昼寝する、長閑（のどか）な水上商店街だ。さらに下流はどうなっているかというと、国際通りをまたぎ、開渠となって久茂地（くもじ）川に注ぐのだった。

沖縄そば屋のやや上からは水面が顔を見せ、ボラのような魚が泳いでいた。上流端は、地図上でガーブ川開渠が消え失せるやや先にある。あやしげな等高線を辿り、付近でもっとも標高が高そうなところから下りていくと、谷頭らしい雰囲気を持つ地形が見えてくる。そこには予想もしない急崖があった。底に下りてみると崖にへばりつくように住宅が並び、思わず「横浜か！」と、呟いてしまうような風景が広がっていた。

［写真1］川上にできた商店街は、数段高くなり弧を描く

［写真2］市内を歩いていると見つかる支流暗渠の橋跡

住宅地から一段下がる格好で、唐突にスリバチ状の公園が開ける。ここは池だったろうか、こんこんと水が湧いていたろうか。急崖のある谷頭の住宅街と、その一段下の丸い公園。瓢簞（ひょうたん）のような二つの水場を想像し、公園の輪郭が描く曲線と傾斜に水の流れを感じながら、私も下っていくことにする。

暗渠は少し埋もれたのち、衝撃的に曲がりくねる蓋暗渠になり、ふたたび埋もれ、今度は唐突に開渠として顔を出す。どこで湧いたのだろうか、そこにはきれいな水が流れていた。この水がほぼ開渠で、そば屋の上流まで流れているのだった。

ガーブ川には支流もあり、その存在に気づくと、ハブのような食いつきで離れがたくなってしまう。神原中学校脇から延びる支流を見つけたので、遡ろうと欲張った。が、疲労と日が暮れてきたことにより、上流端は諦めてしまった。いつもの自分なら無理やり行っているのだが、なんというか沖縄時間的になっていたのかもしれない。しかし途中まででも十分に魅力溢れており、いびつな暗渠、上に旅館が乗った旅館蓋、「新」だけが読める橋跡（2022年に工事により発掘され、与儀橋〔新栄橋〕現る、としてニュースになっていた）など、強烈に見どころがある。そしてチラチラ隙間をのぞかせながら、本流へと合流していくのだった。

あくる日、牧志近辺でゴーヤとスパムの「ぬーやるバーガー」なる昼飯を食べている時、もう1本の支流にも気がついた。さっさと食べて、支流の付け根に向かう。

蓋上のカオス、南国らしい蓋、また橋跡［295頁 写真2］、と、こちらの支流も私の心を鷲づかみにしてくる。興奮気味に遡ったが、上流端は曖昧だった。暑すぎたこと、飛行機の時間が迫っていたことにより、上流端の確定は断念した。断念といっても、まぁそれはそれで、と、なぜかおおらかな気持ちで去れる、というのが、前日と共通する感覚だった。

また、来れるかな沖縄。来たら、またさらなる良い暗渠に出逢えるかもしれないな。沖縄の旅は、なかなか終わりきらないのだった。

桃園国際空港経由、暗渠行き

台湾・台北市「下水湯」

髙山英男

どこか遠くに出かけるといえば、たいていは本職での出張という「社畜」な私であるが、たまには純粋に旅行を楽しむこともある。もちろん行き先選びには、「暗渠的にどうか」ということが非常に大きなウェイトを占めることにはなるのだが……。

ある時、短期集中型の大きな仕事に追われ、体重が数キロ落ちてしまったことがあった。それが片づいた直後、たとえ3、4日であっても「どこか見知らぬ土地に行って、たくさんの美味いものに囲まれながら、気の向くまま食欲および酒欲を満たすのだ！」という強い思いを胸に、思い立って向かったのが台湾である。限られた日数のため、目的地は台北だけに絞って2泊3日、しかも入国は夜、という慌ただしい旅に出かけることとなった。

行き先決定の要因となったのは次の三つだ。一つは、できれば朝からでも旨い酒が飲みたいと考えるダメな大人のバイブルともいえるマンガ『酒のほそ道』である。こ

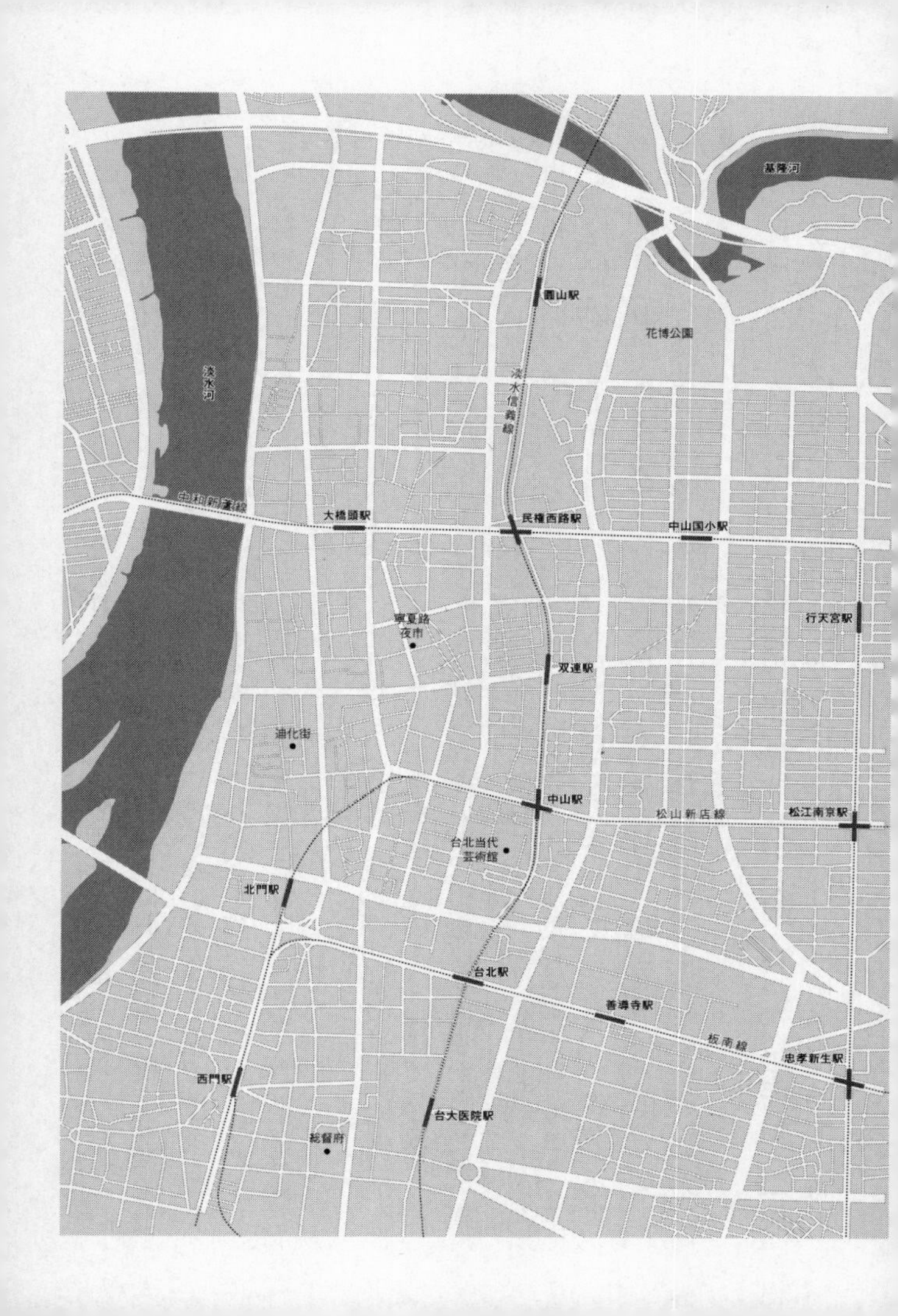

基隆河
圓山駅
花博公園
淡水河
淡水信義線
中和新蘆線
大橋頭駅
民権西路駅
中山国小駅
行天宮駅
寧夏路
夜市
双連駅
迪化街
中山駅
松山新店線
松江南京駅
台北当代
芸術館
北門駅
台北駅
善導寺駅
板南線
忠孝新生駅
西門駅
台大医院駅
総督府

の第9巻には、主人公が朝から路地の屋台でビールを飲むシーンや、作者の台北における酒事情取材記が載っている。そこには、街のあちこちにある朝市、夜市には屋台が立ち並んでいること、屋台ではたいてい酒を置いていないのだが、乱立するコンビニなどで買った好きな酒を勝手に持ち込んでいいことなどが描かれていた。うわー、まるで街のあちこちでピクニックが楽しめるようなところではないか。食欲の奴隷とならんとする旅にはもってこいだ。

二つ目は、事前に見た地図である。台北は海に近く、街の西方と北方には淡水河、基隆河(キールンガ)という大きな川が流れ、東方、南方には山地が控えている。地図で見る限り、この2本の大河以外に川の流れはほとんど見られないが、山をなす南東から大河の横たわる北西に水の流れがあるのはほぼ間違いないと見てよかろう。

市街地の道路や地下鉄などの交通インフラを見ると、基本的に東西と南北を結ぶ直線で形作られているようだ。しかし、さらに縮尺を大きくしていくと、この碁盤の目のようなグリッドを無視するように斜めに、または蛇行する道が現れてくる。こうした道をあちこちに見つけた時、私は確信した。これは暗渠だ。きっといい旅になるに違いない。

三つ目は、発着する空港が「台湾桃園(とうえん)国際空港」という名であったこと。同じ「桃園」を冠する杉並区を流れる桃園川は、もちろんフェイバリット暗渠の一つである。

台北市街地、NRT 中山国小駅付近の車止め。人工的な四角いグリッドに囲まれた街中にもいまだ川の面影を見つけることができる

入国した夜は、宿近くの夜市に行き、数件の屋台をはしご。その後は地図を片手に、方眼のグリッドの陰に潜む暗く細い「斜めの道」を深夜までさまようことになる。果たして、それらの道のほとんどで水路の跡を見ることができた。

台北市の下水道は、普及率100パーセント。それらは1995年以降、ほぼ完全に分流式（地表に降る雨水と、家庭から出る生活排水とを別々の管で流す方式。189頁参照）となっている。おそらく斜行する道は、もともと何らかの流れがあり、それらが雨水管に転用されて、現在も地表の水を集めているのではないだろうか。

台北はそう広い街ではない。斜行する道を楽しみながら歩いていると、やがて次の夜市、朝市に到着し、そこでまた食べ物を物色して一品、一杯。そしてまた歩いて……と寝る間も惜しんで、ほとんどの時間を歩く、食べる、飲む、暗渠を観賞することに費やした。

台北の屋台の食べ物もグリッドを斜めに進む暗渠も、想像通り、いや想像以上に素晴らしかった。こんな海外旅行も十分に愉しい。

最後にこれだけは書いておかねばなるまい。短い滞在中で実にたくさんの屋台を利用したが、数軒の店で見たのが「下水湯」というメニューだ。どんなものが出てくるのか怖くもあったけれど、興味津々。とある店で注文し食べてみたのだが、これがなかなかに美味い。どうやら鶏や豚などの内臓を使った、いわゆるホルモンスープのようだ。

それにしても「下水湯」とは、なんと素晴らしい名前の料理であろう。端から「屋台と暗渠がウチらの観光資源である」と自覚しているような、そんな台北の先見性と懐の深さを象徴する逸品であった。

いくつかの店のメニューにあった「下水湯」。暗渠が台北の観光資源である、と主張するような心強い一品である

〔参考文献〕
佐野朝美「台湾の水環境」（鈴鹿国際大学大学院国際学研究科国際社会専攻修士論文）２０１２年
ラズウェル細木『酒のほそ道９――酒と肴の歳時記』日本文芸社、２００１年

暗渠百景

入っていく者、行かぬ者。人は２つに分けられる　練馬区エンガ堀

花の色を際立たせる蓋暗渠
西東京市田柄用水

お子さま大歓迎！　遊び場暗渠
杉並区桃園川支流天保新堀用水

アスファルトに落ちる影が水流のよう
目黒区羅漢寺川

壁に背中をくっつけて、息をひそめる車止め
杉並区神田川の支流

ゆらり優雅に蛇行する蓋暗渠
川崎市多摩区二ヶ領用水

杉並名物、金太郎車止め
杉並区善福寺川成田東支流（仮）

毎月４日が特売日、ハッスル通り商店会
練馬区田柄川

橋に欄干、くっきりと残る川の跡
杉並区松庵川

僕らを導く矢印。この先、何が待っている？
川崎市麻生区麻生川支流

呑兵衛街道の下は水路だった
上越市関川支流

暗渠化工事を見て、胸がキュンとなったらもう
マニア　足立区古隅田川

秋になれば、暗渠だって色づきます
杉並区松庵川

カチューシャ付、女子力高めの車止め
杉並区善福寺川高野ヶ谷戸(こやがいと)支流

お子さまお断り。"戦後"を残す渋み
中央区浜町川

金木犀の絨毯が掛かる、秘密の花園蓋暗渠
杉並区桃園川本流の傍流

おわりに

吉村と私は、なぜか突然、ほとんど同時期に暗渠のことが気になりだして、平成21年の初夏にそれぞれ暗渠ブログを立ち上げた。何の面識もない二人だったが、当時暗渠を扱ったウェブはあまり多くはなかったので、検索で互いのブログを見つけ出すのは難しいことではなかったと思う。並みいる暗渠界の諸先輩にネットで教えを請う、一番下っ端の同級生、といったポジションを共有しながら、互いのブログにコメントしているうちに、双方の暗渠観や暗渠愛にたくさんの共通点を見出し、「暗渠仲間」となっていた。

しかし、同じ暗渠仲間の同級生とはいっても、互いの暗渠へのアプローチやアウトプットがまったく違っていることに驚いたものだ。ある対象を定めたら、それをいろんな角度からじっくりじっくり掘り下げていく、というのが研究職を本職とする吉村のスタイルである。これに対し、広告会社のマーケターである私は、まずはざっくり全体を概観する、モデルやフレームワークをこしらえる、突出する事象には名前をつけてみる、といった軽薄なスタイルで暗渠を語っていくことが多い。

二人とも、意識してそうしているわけではまるでないのに、普段の思考回路に本職モードが染みついてしまっているようだ。本書において、暗渠そのものはもとより、そんな二人のスタイルの違いをも味わっていただけたなら、それは望外の悦びである。

もともとこの本の出版は、柏書房から吉村に対して持ちかけられたものだ。吉村は、そのオファーに対して「二人のアプローチの違いを活かして、縦糸と横糸で織物を編むようなつくりにしたい」と私を執筆に巻き込んでくれた。刊行に際し、まずはそんな吉村に一番に感謝したい。

そして、我々の遅筆に笑顔で耐えながら先を導いてくださった柏書房の山田智子さん、わがままな要求に対しても予想をはるかに超えるクオリティで作品を創ってくださった地図制作の杉浦貴美子さん、深澤晃平さんに、さらに、縦糸×横糸という異なるアプローチを、視覚的によりわかりやすく伝わるように表現してくださったデザイナーの加藤賢策さん、内田あみかさんに、心から感謝の意を表するものである。

また、二人が駆け出しの頃から、ウェブを通して、時にリアルでたくさんのことを教えてくださった暗渠先駆者のみなさまにも、この機会に一方的にではあるが、深く感謝申し上げたい。それから、暗渠沿いで出逢い、体験談を話してくださった、すべての方々にも。

みなさまのおかげです。どうもありがとうございました。

2015年　水無月の吉日に

高山英男

文庫版あとがき

この本の元本『暗渠マニアック！』は、2015年6月に柏書房より刊行された。ありがたいことに、『暗渠マニアック！』は刊行後1年間だけに限っても、朝日新聞・読売新聞など全国紙のべ6紙、週刊新潮・サンデー毎日など雑誌11誌に取り上げていただいている。当時はすでに「街あるき」趣味が一般化しさらに多様化が進もうとしていた頃で、暗渠というニッチ領域の物珍しさに呆れながらも、そこから見える新しい景色の可能性に決して少なくはないメディアが共感してくれたようだ。仄暗い暗渠の水面に小石を投じた程度のインパクトではあったが、これを機に吉村・髙山は「暗渠マニアックス」というユニットを名乗ることになり、おかげさまで以降執筆やトークなど、適度に切れ目がない程度にお声がけいただいている。

今回筑摩書房からご縁をいただき、『暗渠マニアック！　増補版』として、『はじめての暗渠散歩——水のない水辺をあるく』（共著、ちくま文庫）に続き本書もちくま文庫のラインナップに加えていただけることとなった。これにあたっては、『暗渠マニアック！』本来のコンセプトを大事にしながらも文庫本という体裁に適すべく、細部のチューニングや大幅な写真の取捨選択を行った上で、「文庫版まえがき」で触れたように新たな書き下ろしも加えている。

文庫化にあたって解説を寄せてくださった松原隆一郎さん、表紙イラストを描いてくださった星羊社・成田希さん、粘り強く編集にあたってくださった井口かおりさんには、心から感謝を申し上げたい。どうもありがとうございました。

2024年2月　東京都杉並区　桃園川暗渠のほとりにて

高山英男

解説　暗渠者の最強タッグ

松原隆一郎

私は放送大学に勤務しており在宅が日常で、地域ではママチャリを愛用している。歩くのと変わらないゆったりした速度は、飲み屋の活況を窺い、新しいラーメン店の様子を覗き、八百屋の品揃えを眺めるのに向いている。かつては同年代の女子に「ママチャリで下町ツーリングしよう」と誘っては冷笑されたものだ。

舐めるようにして街の情景を眺めるのが好きなのだ。街の外観が変わり、記憶が絶たれてしまうことを嫌うタイプの人間でもある。古い飲食店というピースが欠けると、街の雰囲気は一変してしまう。私が住む東京は中央線の「阿佐ヶ谷」では1970年代前半に創業された飲食店が最古参で、代替わりの時期を迎えている。せめて雰囲気の描写だけでも残そうと、私は飲み屋歩きサイト（『阿佐谷どうでしょう。』）を構築した。ところが体験記をアップしても、ほどなく閉店してしまうことが少なくない。サイトの更新を閉店のスピードが上回っているのだ。

そうしたご時世を嘆いていたら、同じく街を舐め回すように凝視しながらも別のアプローチを試みる人たちがいることに気がついた。杉並区は『ふかすぎ』なる杉並区深掘りパンフレットを出版したことがある。さらに私を含む執筆者が参加して、シンポジウムが開催された。その席で「杉並暗渠愛」を蕩々（とうとう）と語る女性に出会ったのだ。その方は「吉村生（なま）」さんと名乗り、私を驚かせた。その執筆者は競馬場のオケラ街道にありそうなボロけた飲み屋の店先で路上の暗渠を眺めつつ生ホッピーを飲むというおっさん趣味を披瀝（ひれき）していたため、私は男性と思い込んでいたのである。それがまさか可愛い風情の女性だとは。

アントニオ猪木を溺愛する人々を「プロレス者」と呼ぶのに倣（なら）えば、生さんは「暗渠者」である。ドブをただのけ者にするのでなく、温かさや可笑しさ、昭和の長閑（のどか）さを深読みする。川の名残の構造物や哀愁漂う古い地帯を歩いて体感、資料を探し、古老の話に耳を傾けるという。街の変化を嘆くより、残骸からかつての風景を想い、逸話で命を吹き込むアプローチである。

相方の高山英男さんもまた強烈な「暗渠者」である。暗渠を人が抱える疎外感や孤独の表象ととらえ、講演では「私の心には暗渠がある、あなたの心の底にもきっと暗渠があるでしょう」と呟くスタイル。そのアプローチは、生さんとは猪木のプロレスと馬場のそれほど異なっている。高山さんは本職がマーケティング研究者であるだけに、現状を俯瞰したり理論化したりするのに長けており、テンプレートを付け奇抜な分析手法を開発する。郷土史の古い本を調べ、古老に話を聴くのが得意な生さんとは、現状分析家と歴史家としてタッグを組んでいるのだ。

意気投合した我々は、ある夜、深夜の西荻散歩に繰り出した。暗渠界の猪木と馬場を案内人とする、豪華極まりない松庵川歩きである。

縄文時代には中野から阿佐ヶ谷辺りは海だった。温暖化で気温が1～2度も高かったため、海面がピーク時には5メートルも高く、中央線沿いでは海の名残りが小川となった。なかでも西荻窪では「松庵川」がウネウネと暗渠になっている。阿佐ヶ谷から高円寺、中野にかけて流れる桃園川とともに、暗渠界では両横綱級だという。

飲食店街から小学校に向かう。途中、民家の間を網でふさいだ場所があった。これは蓋をしない暗渠らしい。次いで出た道路は左の歩道下が暗渠だが、渡って右の歩道にも暗渠がある。暗渠になる小川を渡るように道をつけたらしい。

暗渠は、元は小川ではあるものの、皆に愛されたとは言いがたい。昭和の初め頃、低地では年に何回も氾濫し、近所は家財道具を持ち出して逃げ回ったという。中でも私が胸を熱くしたのは「たらいに乗って小学校に来る」少年がいたという話。地元では笑い話ではなく、下水道と繋がっている部分があり、糞尿が噴出したため、暗渠が完成したときには大喜びだったそうだ。

そして出ました杉並区名物、金太郎の「車止め」（81頁参照）。歩道の下が暗渠になっている。飲み屋の隣のアスファルトは、妙に浮き上がっている。ここも暗渠だ。こうした光景は住民の記憶の底にうっすらと沈んでいる

絶品地帯に到達。橋がかかっていた痕跡がそっくり残っているのだ。橋がかかった跡を、そのまま歩道として使うという素晴らしいアイデア。髙山さんが「暗渠サイン」と指摘するクリーニング店まで揃っている。

そのまま家屋密集地帯に突入する。そこのコンクリートは、隙間がないようきっちりと整形されている。「この職人芸は杉並区特有のもの」と、語る生さんの目がうっとりしている。

そこからは狭い道が住宅の間をうねうねと続く。500メートルは歩き、松庵川は終わり。開渠の善福寺川に流れ込んでいる。そこから荻窪駅に向かうと、戦前に近衛文麿首相が別荘として使い、敗戦後に自決した荻外荘（てきがいそう）に出た。

東京の地形はかくも面白い。道がうねうねくねくねしているのも、むしろ一興と分かってきた。私有物である飲食店は残らずとも、昔をたどる暗渠サインは名所として残したい。そう感じた一夜の夜歩きだった。

吉村 生　よしむら・なま
本業の傍ら、暗渠探索に勤しみ、暗渠ツアーガイドや講演なども行う。郷土史を中心とした細かい情報を積み重ね、じっくりと掘り下げていく手法で暗渠へのアプローチを続けている。もっとも情熱を傾けている暗渠は、杉並・中野を流れていた「桃園川」。髙山との共著に『暗渠パラダイス！』（朝日新聞出版）、『まち歩きが楽しくなる水路上観察入門』（KADOKAWA）、『「暗橋」で楽しむ東京さんぽ』（実業之日本社）等。他の共著に、『はじめての暗渠散歩』（ちくま文庫）がある。
「暗渠マニアックス」
https://www.ankyomaniacs.com/

髙山英男　たかやま・ひでお
中級暗渠ハンター（自称）。ある日「自分の心の中の暗渠」に気づいて以来、暗渠に夢中に。俯瞰と理論化を繰り返すという手法で、暗渠という存在を広く捉えている。好きな暗渠は「草の薫り濃く苔むす裏路地暗渠」。本業での著書は『絵でみる広告ビジネスと業界のしくみ』（日本能率協会マネジメントセンター）ほか。
ブログ「毎日暗活！暗渠ハンター」
http://lotus62ankyo.blog.jp

地図制作＝杉浦貴美子・深澤晃平

本書は、二〇一五年七月、柏書房から刊行された単行本『暗渠マニアック』に増補したものです。

左記は文庫のための書き下ろしです。

第6章
東京・下北沢　暗渠で味わい直す、思い出の街［髙山］
神奈川・横浜　おとぎの国を流れる入江川［吉村］

第7章
水上のビル、酒と肴と水路と人と　愛知県豊橋市［吉村］
古墳あるところ暗渠あり？　百舌鳥古墳群暗渠さんぽ　大阪府堺市［髙山］

ドライブイン探訪　橋本倫史

全国のドライブインに通い、店主が語る店や人生の話にじっくり耳を傾ける――手間と時間をかけた取材が結実した傑作ノンフィクション。（田中美穂）

セルフビルドの世界　石山修武＝文　中里和人＝写真

自分の手で家を作る熱い思い。トタン製のバー、貝殻製の公園、アウトサイダーアート的な家、0円～500万円の家、カラー写真満載！（渡邊大志）

私の東京地図　小林信彦

オリンピック、バブル、再開発で目まぐるしく変わる東京だが、街を歩けば懐かしい風景に出会う。今と昔の東京が交錯するエッセイ集。（えのきどいちろう）

無言板アート入門　楠見清

無言板――それは、誰かがなにかの目的で立てたはずなのに、雨風や紫外線によって文字が消えてしまった街角の看板たち。ようこそ、路上の美術展へ。

鉄道エッセイコレクション　芦原伸編

本を携えて鉄道旅に出よう！　文豪、車掌、音楽家――、生粋の鉄道好き20人が愛を込めて書いた「鉄分100％」のエッセイ／短篇アンソロジー。

大東京ぐるぐる自転車　伊藤礼

六十八歳で自転車に乗り始め、はや十四年。ペースメーカーを装着した体で走行した距離は約四万キロ！　味わい深い小冒険の数々。（平松洋子）

夢を食いつづけた男　植木等

俳優・植木等が描く父の人生。義太夫語りを目指し、のちに住職に。治安維持法違反で投獄されても平和と平等のために闘ってきた人生。（栗原康）

多摩川飲み下り　大竹聡

始点は奥多摩、終点は川崎。多摩川に沿って歩き下っては、飲み屋で飲んだり、川原でツマミと缶チューハイ。28回にわたる大冒険。（高野秀行）

思い立ったら隠居　大原扁理

せちがらい世の中で、ほとんど働かず、楽しく毎日を生き延びる方法。キラキラ自己啓発本とは対極のしわしわ自己完結本。（漫画付　辛酸なめ子）

つげ義春を旅する　高野慎三

山深い秘湯、ワラ葺き屋根の宿場街、路面電車の走る街……、つげが好んで作品の舞台とした土地を訪ねて見つけた、つげ義春・桃源郷！

ちくま文庫

暗渠マニアック！　増補版

二〇二四年五月十日　第一刷発行

著　者　吉村生（よしむら・なま）
　　　　髙山英男（たかやま・ひでお）

発行者　喜入冬子

発行所　株式会社　筑摩書房
東京都台東区蔵前二―五―三　〒一一一―八七五五
電話番号　〇三―五六八七―二六〇一（代表）

装幀者　安野光雅

印刷所　株式会社精興社

製本所　株式会社積信堂

ISBN978-4-480-43947-5 C0125